全国新闻出版系统职业技术学校统编教材

印刷机械电气控制

全国新闻出版系统职业技术学校统编教材审定委员会组织编写

主　编　王　乔
参　编　荣华阳　陈世军
主　审　陈世军

文化发展出版社
Cultural Development Press

内容提要

本书是全国新闻出版系统职业技术学校统编教材中的一本。

本书共分六章，主要介绍了印刷设备基本控制电器元件、印刷设备中常用的电动机与控制方法、印刷设备中的基本控制电路、胶印设备典型电路分析、气动部分、印刷机的电气维修等，内容全面、概念透彻。是一本难度适中、内容新颖的适合中等职业技术学校师生教学使用的印刷电气控制专业教材。也适合印刷、包装、轻工、电子及机械行业企业操作人员、技术人员使用。

图书在版编目（CIP）数据

印刷机械电气控制／王乔主编．—北京：文化发展出版社，2008.5
全国新闻出版系统职业技术学校统编教材
ISBN 978-7-80000-735-4

Ⅰ．印… Ⅱ．王… Ⅲ．印刷机－电气控制－专业学校－教材 Ⅳ．TS803.6

中国版本图书馆CIP数据核字（2008）第053760号

印刷机械电气控制

主　　编：王　乔
参　　编：荣华阳　陈世军
主　　审：陈世军

责任编辑：吴　嘉		责任校对：岳智勇	
责任印制：孙晶莹		责任设计：侯　铮	

出版发行：文化发展出版社（北京市翠微路2号　邮编：100036）
网　　址：www.printhome.com　　www.keyin.cn
经　　销：各地新华书店
印　　刷：河北鑫宏源印刷包装有限责任公司

开　　本：787mm×1092mm　　1/16
字　　数：225千字
印　　张：9.5
印　　数：7501～8500
印　　次：2016年2月第1版第6次印刷
定　　价：18.00元
ISBN：978-7-80000-735-4

◆ 如发现印装质量问题请与我社发行部联系　　发行部电话：010-88275710

全国新闻出版系统职业技术学校统编教材审定委员会

委 员 名 单

主　任：孙文科

副主任：李宏葵　严　格　吴　鹏　刘积英

委　员：王国庆　杨速章　刘宁俊　庞东升

　　　　尚曙升　杨保育

全国新闻出版系统职业技术学校统编教材

拼晒版与打样实训教程	陈世军 主编
印刷实训指导手册	周玉松 主编
印前工艺	郝景江 主编
印后加工	徐建军 主编
柔性版印刷工艺	严 格 主编
印刷机械基础	王 芳 主编
印刷机械电气控制	王 乔 主编
印刷概论	李 予 主编
印刷材料	唐裕标 主编
平版印刷工艺	谭旭红 主编
印刷品质量检测与控制	陈世军 主编
印刷机结构与调节	袁顺发 主编
电脑排版工艺（上、下册）	刘春青 主编
包装概论	岳 蕾 主编
包装印刷工艺	段 纯 主编
印刷色彩	白研华 主编
印刷工价计算	王国庆 主编
印刷企业管理	郝景江 主编
数字印刷	严 格 主编
书籍装帧实用教程	庄前矛 主编
印刷市场营销	徐建军 主编
现代校对实务与技能	谈大勇 主编
出版物营销实务	翟 星 主编
印后书刊装订工艺	沈国荣 主编

序

新闻出版总署发布的印刷业"十一五"发展指导实施意见提出，争取在2010年把我国建设成为全球主要的印刷基地之一，"十一五"末期我国印刷业总产值达到4400亿元。迅猛发展的产业形势对印刷人才的培养和教育工作提出了更高的要求。新闻出版系统中等职业技术学校作为专业人才培养的重要组成部分必须因循产业发展的需求做出相应的变革和创新。其中，教材作为必不可少的教学工具也必须紧跟产业形势，体现产业技术和管理发展的最新成果。

总署一直十分重视和支持系统内中等职业技术学校教材建设工作，于1995年专门成立了印刷类专业教材编审委员会，组织有关学校的教师和行业专家规划、编写了电脑排版、平版制版和平版印刷三个专业的9本专业课统编教材。这批教材突出技工学校印刷类专业教育、教学的特点，陆续出版之后一举扭转了相关专业教材陈旧落后的局面，对近十几年技能型印刷专业人才的培养做出了很大贡献。但近年来，随着印刷专业技术的飞速发展和职业教育改革的不断深化，无论在体系、内容还是形式上都显露出一些问题，有的还比较突出，亟需根据新的形势进行必要的调整和革新。

2006年，汇集了国内相关院校教学骨干的全国新闻出版系统职业技术学校教材审定委员会经新闻出版总署批准成立。委员会的首要任务就是根据新的产业形势，做好系统内院校印刷及相关专业统编教材的更新换代工作。委员会成立后，先后三次召开专题工作会议，明确了新版教材的编写指导思想，并制定了首批7本统编教材编写的进度及出版安排。根据委员会的规划，新版统编教材将突出以下显著特点。

1. 面向职业需求，突出实践导向。面向实践，针对企业需求制定有针对性的课程内容，争取使培养出来的学生能较快融入到生产实践中。

2. 关注持续成长，注意延伸学习。在突出实践导向的同时，注意各知识点的延伸性，培养学生的持续学习能力，举一反三，以适应企业的不同需要。

3. 强调任务驱动，理论适度够用。引入职业教育流行的任务驱动理念，明确每一教学单元的培养目标和知识点、技能点，知识教学和技能训练交叉进行。

4. 重视双证融通，接轨技能标准。注重教材内容与职业技能鉴定标准的衔接，以体现职业教育双证融通的特点。

5. 丰富教材体系，适应教改要求。突破纯技术教学倾向，在技术性课程之外，增加营业、计价和营销等业务员相关知识，扩展学生就业面。

经过委员会的辛勤工作，首批7本陆续出版。从整体上看，这7本教材紧密结合中职院校的教学需求，较好贯彻了委员会的教材编写指导思想，在选题和编写模式上都有了很大突破。比如《拼晒版与打样实训教程》是第一本印前方面的实训指导书；《印刷实训指导手册》对整个印刷流程的实训给出了详尽而实用的指导意见；《柔性版印刷工艺》是中职层次第一本关于柔性版印刷的教材。其他几本教材也都各有特点，具有鲜明的实践性、前瞻性特征，能更好地满足有关院校的教学需要。

首批7本教材的出版标志着新版统编教材的编写工作迈出了实质性的第一步。希望审定委员会和有关院校在总结已有经验的基础上继续做好后续教材的编写工作。同时，由于教材编写是一项复杂的系统工程，难度很大，也希望有关院校的师生及行业专家不吝赐教，将发现的问题及时反馈给我们，以利于我们改进工作，真正编出一套能代表当今产业发展需求，体现职业教学特点的高水平教材。

新闻出版总署人事教育司

孙文科

2007年11月

前　言

本书在编写过程中按照职业教育的特点，力求处理好基础理论与实际应用的关系，主要内容包括印刷电工基础知识、电动机、印刷机电气常用电路、印刷机电气控制及电气维修实例，还列举了典型北人、海德堡、曼罗兰的电气控制实例。现代印刷机的电气结合控制越来越多，本书加入了气动控制的内容与在高宝印刷机上气动控制的实例。

本书由王乔主编，参加编写的人员有：第一章电工仪表部分和第四章第二节由陈世军编写，第五章由荣华阳编写，其他章节由王乔编写。全书由王乔统稿，陈世军主审。

由于编者水平有限，书中难免会出现不妥之处，恳请广大读者和专家批评指正。

编　者
2008 年 2 月

目 录

第一章 印刷电工基础知识 1
第一节 电的基础知识 1
一、直流电路 1
二、欧姆定律 2
三、电工测量仪表 3
第二节 印刷设备电器元件 7
一、低压电器的命名 7
二、常用低压电器 9

第二章 电动机 19
第一节 直流电动机 20
一、直流电动机的结构与工作原理 20
二、直流电动机的分类 23
第二节 交流电动机 24
一、三相异步电动机 24
二、电磁调速异步电动机 27
三、三相整流子式电动机 28
第三节 印刷设备中常用的特种电动机 32
一、步进电动机 32
二、伺服电动机 35
三、测速发电机 36

第三章 印刷设备中的基本控制电路 38
第一节 电器设备图样的分类 38
第二节 电动机的基本控制电路 39
一、点动、连动电路 39
二、电动机的正反转 41
三、行程控制电路 41
四、电流控制电路 43
第三节 电动机的启动与制动 43
一、电动机的降压启动电路 43
二、电动机的制动电路 46

第四章 印刷机电气控制 ... 49
第一节 胶印生产自动控制的内容 ... 49
一、输墨装置的自动控制 ... 49
二、供水量控制 ... 51
三、温度控制 ... 52
四、给纸控制 ... 53
五、套准控制 ... 54
六、现代典型印刷机控制系统——印刷生产过程的计算机控制 ... 56
第二节 国产胶印机电气控制实例 ... 59
一、J2108B 单张纸单色平版印刷机 ... 61
二、BEIREN 300 印刷机电气系统 ... 67
第三节 进口胶印机电气控制实例 ... 74
一、海德堡 SM102V 四色胶印机电路 ... 74
二、主传动控制 ... 82
三、合压 ... 87
四、纸张故障检测控制 ... 89
五、给纸与收纸部分的控制 ... 91
六、曼罗兰 700 控制系统分析 ... 93

第五章 气动控制 ... 99
第一节 气动系统的基本构成 ... 100
一、阀门 ... 100
二、气动执行元件 ... 100
三、压缩空气 ... 100
第二节 气动控制阀 ... 100
一、气动方向控制阀 ... 101
二、气动压力控制阀 ... 106
三、气动流量控制阀 ... 109
四、气动伺服控制阀 ... 110
五、气动数字控制阀 ... 111
六、阀岛 ... 111
七、气动控制阀的选用 ... 112
第三节 气动系统的执行元件 ... 113
一、常用气缸 ... 113
二、气马达的工作原理 ... 114
第四节 气源装置及辅件 ... 114
一、气源装置 ... 114

二、气动辅件 115
　第五节　气动基本回路 116
　　一、方向控制回路 116
　　二、压力控制回路 117
　　三、速度控制回路 118
　　四、同步回路 118
　　五、往复运动回路 119
　第六节　气动系统在印刷机上的应用 119

第六章　安全用电与机器维修 122
　第一节　安全用电 122
　第二节　印刷机电气维修工作的最优方案 123
　　一、电气维修工作的分工 124
　　二、以预防性维修为主的工作方针 124
　　三、改善性维修 125
　第三节　印刷机电气维修的方法 126
　　一、故障点的判定 126
　　二、故障点的检测要点 127
　第四节　印刷机维修实例 128
　　一、胶印机电路实例分析 128
　　二、常见故障的分析和处理 135

参考文献 140

第一章

印刷电工基础知识

本章学习目标：
1. 掌握电工基础知识，会用仪器仪表对相关参数进行测量。
2. 了解印刷设备中常用的电器元件的命名与分类方法，能正确识别电器元件。
3. 掌握几种常用低压电器的工作原理与符号，为读懂电路图作准备。

本章应重点掌握的术语：
电场　电流　电压　电位　欧姆定律　接触器　继电器　开关　熔断器　主令电器

【任务】
1. 了解电工基础知识的基础上，会使用万用电表。
2. 掌握低压电器的分类、原理与符号。

第一节　电的基础知识

一、直流电路

电荷有规则的定向移动，就称为电流。正电荷运动的方向规定为电流的方向。产生电流有两个基本条件，即运动着的电荷，二是有能使电荷作定向运动的电场。

电流的大小用电流强度来量度，简称为电流，用"I"表示。电流强度在数值上等于一秒钟内通过导体横截面的电荷所带电量的大小。用公式表示：

$$I = Q/t$$

式中　I——电流强度，单位为安培（简称安，或用符号 A 表示）；
　　　Q——电量，单位为库仑；
　　　t——时间，单位为秒。

如果在一秒钟内通过导体横截面的电荷的电量为 1 库仑，此时导线中通过的电流为 1 安培。有些电路中的电流很小，常用毫安或微安来计量，其换算关系为：

1 安培（A）＝1000 毫安（mA）

1 毫安（mA）＝1000 微安（μA）

如果通过导体横截面上电流的方向和大小不随时间的变化而变化，这种电流称为恒定电流，或称为直流电流。

电路就是能使电流流通的闭合回路，由电源、导线和负载组成。图1-1就是一个简单电路。

电源是产生电能的设备，如发电机、蓄电池等。负载是消耗电能的设备，如电动机。导线用来连接电源和负载。常用的是铝线或铜线。电路中一般都装有开关等设备，这样可以根据需要随时接通电路或切断电路。电路只有接通时才有电流存在。图1-2就是简单的电气原理图，与图1-1是同一个电路。

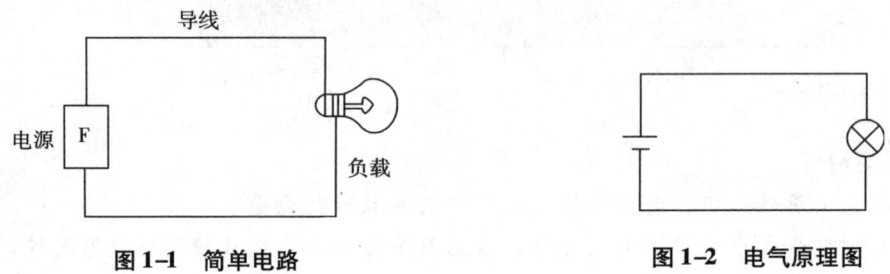

图1-1　简单电路　　　　　　　图1-2　电气原理图

电路中任意两点间的电位差，称为电压，用符号"U"表示。两个物体电位高低的不同称为电位差。当电压加在电路两端时，导体中的自由电荷便在高、低电位的作用下进行有规则的移动而形成电流。电压是促进电路中产生电流的直接外因。

电源中因其他形式的能量转换为电能所引起的电位差，叫做电动势，简称电势。用符号"E"表示。

电位的数值与高度一样，不是绝对的而是相对的，它与零电位的选择有关。高于零电位的是正电位，低于零电位的是负电位。通常把大地作为标准，称为零电位。

电位、电压、电动势的单位都是伏特，简称"伏"，用"V"表示。高压用千伏表示，小电压用毫伏表示。其换算关系为：

$$1\text{千伏（kV）} = 1000\text{伏（V）}$$
$$1\text{伏（V）} = 1000\text{毫伏（mV）}$$

电动势与电压的大小可用电压表来测量。当电路断开时，电势在数量上等于电源两端的电压。

二、欧姆定律

获得持续电流的条件是导体两端有持续电压。

既然导体两端有电压，才有电流流过导体，那么导体中的电流与导体两端的电压有什么关系呢？

连接如图1-3所示的电路图，闭合开关，移动滑动变阻器P滑片观察现象。

由实验现象可知导体中的电流随电压变化而变

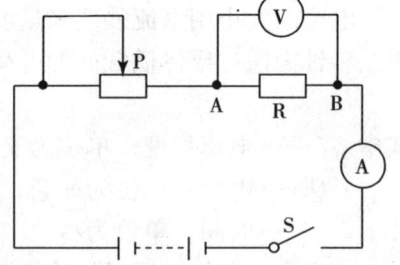

图1-3　电路图

化，换用另一规格灯泡会发觉在相同电压（或电流）时，电流（或电压）表示数不同。

德国物理学家欧姆最早用实验研究了电流跟电压、电阻的关系，最后得出用他的名字命名的定律，即欧姆定律。通过导体中的电流强度跟它两端电压成正比，跟它的电阻成反比。

例：把 5.0V 的电压加在一段电阻丝的两端测得通过电阻电流为 1.0×10^2 mA。当电阻丝两端电压增至 8.0V 时，通过电阻丝电流增加多少？

解：已知 $U_1 = 5.0$V $\quad I_1 = 1.0 \times 10^2$mA $\quad U_2 = 8.0$V

由欧姆定律 $I = U/R$ 得

$$R = \frac{U_1}{I_1} = \frac{5.0\text{V}}{1.0 \times 10^{-1}\text{A}} = 50\Omega$$

$$\therefore I_2 = \frac{8.0\text{V}}{50\Omega} = 1.6 \times 10^{-1}\text{A} = 1.6 \times 10^2 \text{mA}$$

$$\therefore \Delta I = I_2 - I_1 = 1.6 \times 10^2 \text{mA} - 1.0 \times 10^2 \text{mA} = 0.6 \times 10^2 \text{mA}$$

答：电流增加 0.6×10^2 mA。

三、电工测量仪表

电工测量仪表是电工技术中不可缺少的一个重要部分。它的主要任务是应用适当的仪器和方法，测量电流、电压、电功率、电能以及电路的其他参数，如电阻、电感、电容等。在印刷机的电气操作中，主要用万用电表。如图 1-4 所示。

图 1-4 万用电表外形图

1. 万用电表的结构

（1）表头。万用电表的表头是灵敏电流计。表头上的表盘印有多种符号，刻度线和数值（图 1-4）。符号 A—V—Ω 表示这只电表是可以测量电流、电压和电阻的多用表。表盘上印有多条刻度线，其中右端标有"Ω"的是电阻刻度线，其右端为零，左端为∞，刻度值分布是不均匀的。符号"–"或"DC"表示直流，"~"或"AC"表示交流，"≂"表示交流和直流共用的刻度线。刻度线下的几行数字是与选择开关的不同挡位相对应的刻度值。

表头上还设有机械零位调整旋钮，用以校正指针在左端指零位。

（2）选择开关。万用电表的选择开关是一个多挡位的旋转开关。用来选择测量项目和量程（图 1-4）。一般的万用电表测量项目包括：直流电流（mA）、直流电压（V）、交流电压（V）、电阻（Ω）。每个测量项目又划分为几个不同的量程以供选择。

（3）正确读数。仔细观察表盘，直流电压挡刻度线是第二条刻度线，用 10V 挡时，可用刻度线下第三行数字直接读出被测电压值。注意读数时，视线应正对指针。

（4）表笔和表笔插孔。表笔分为红、黑两只。使用时应将红色表笔插入标有"＋"的插孔，黑色表笔插入标有"－"的插孔。

2. 万用电表的使用方法

（1）万用电表使用前，应做到：

a. 万用电表水平放置；

b. 应检查表针是否停在表盘左端的零位，如有偏离，可用小螺丝刀轻轻转动表头上的机械零位调整旋钮，使表针指零；

c. 将表笔按上面要求插入表笔插孔；

d. 将选择开关旋到相应的项目和量程上，就可以使用了。

（2）万用电表使用后，应做到：

a. 拔出表笔；

b. 将选择开关旋至"OFF"挡，若无此挡，应旋至交流电压最大量程挡，如"1000V"挡；

c. 若长期不用，应将表内电池取出，以防电池电解液渗漏而腐蚀内部电路。

3. 万用电表测电压

以 J0411 型万用电表为例。

（1）选择量程。万用电表直流电压挡标"V"，有 2.5V、10V、50V、250V 和 500V 五个量程，应根据电路中电源电压大小选择量程。由于电路中电源电压只有 3V，所以选用 10V 挡。若不清楚电压大小，应先用最高电压挡测量，逐渐换用低电压挡。

（2）测量方法。万用电表应与被测电路并联。红笔应接被测电路和电源正极相接处，黑笔应接被测电路和电源负极相接处（图 1-5）。

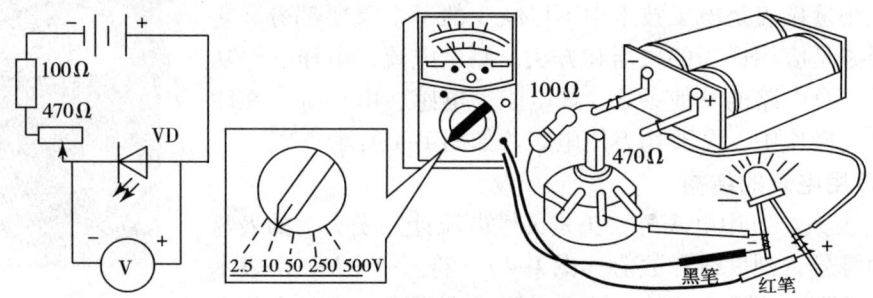

图 1-5　用万用电表测电压

（3）正确读数。仔细观察表盘，直流电压挡刻度线是第二条刻度线，用 10V 挡时，可用刻度线下第三行数字直接读出被测电压值。注意读数时，视线应正对指针。

4. 测量直流电流

（1）选择量程：万用电表直流电流挡标"mA"有 1mA、10mA、100mA 三挡量程。选择量程，应根据电路中的电流大小。如不知电流大小，应选用最大量程。

（2）测量方法：万用电表应与被测电路串联。应将电路相应部分断开后，将万用电表表笔接在断点的两端。红表笔应接在和电源正极相连的断点，黑表笔接在和电源负极相连的断点（图 1-6）。

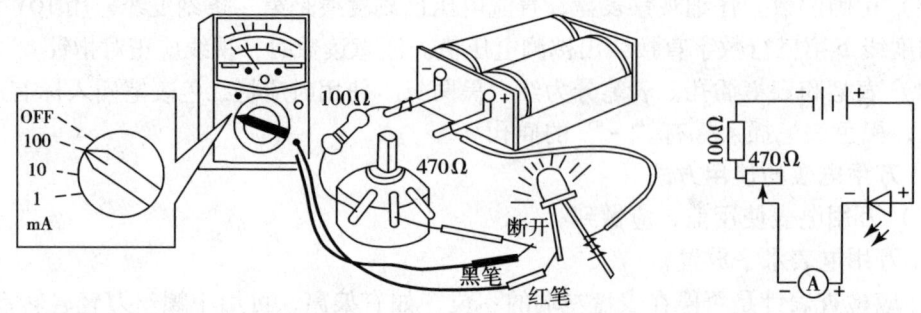

图 1-6　用万用电表测电流

(3) 正确读数：直流电流挡刻度线仍为第二条，如选 100mA 挡时，可用第三行数字，读数后乘 10 即可。

5. 数字万用表

现在数字测量万用表已成为主流，有取代模拟式万用表的趋势，下面以 C9802 型数字万用表为例介绍其使用方法和注意事项。

(1) 使用方法如下。

①使用前，应认真阅读有关的使用说明书，熟悉电源开关、量程开关、插孔、特殊插孔的作用。

②将电源开关置于"ON"位置。

③交、直流电流的测量：根据需要将量程开关拨至 DCV（直流）或 ACV（交流）的合适量程，红表笔插入"V/"孔，黑表笔插入"COM"孔，并将表笔与被测线路并联，读数即可。

④电阻的测量。将量程开关拨至欧姆的合适量程，红表笔插入"V/"孔，黑表笔插入"COM"孔。如果被测电阻值超出所选择量程的最大值，万用表将显示"1"，这时应选择更高的量程。测量电阻时，红表笔为正极、黑表笔为负极，这与指针式万用表正好相反。因此，测量晶体管、电解电容器等有极性的元器件时，必须注意表笔的极性。

(2) 使用注意事项。如果无法预先估计被测电压或电流的大小，则应先拨至最高量程挡测量一次，再视情况逐渐把量程减小到合适位置。测量完毕，应将量程开关拨到最高电压挡，并关闭电源。

满量程时，仪表仅在最高位显示数字"1"，其他位均消失，这时应选择更高的量程。

测量电压时，应将数字万用表与被测电路并联，测电流时应与被测电路串联，测直流量时不必考虑正、负极性。

当误用交流电压挡去测量直流电压，或者误用直流电压挡去测量交流电压时，显示屏将显示"000"，或低位上的数字出现跳动。

禁止在测量高电压（220V 以上）或大电流（0.5A 以上）时换量程，以防止产生电弧，烧毁开关触点。

当显示"BATT"或"LOW BAT"时表示电池电压低于工作电压。

6. 摇表

摇表又称兆欧表，是用来测量被测设备的绝缘电阻和高值电阻的仪表。它由一个手摇发电机、表头和三个接线柱（即 L：线路端与被测物体中用大地绝缘的导体部分连接，E：接地端与被测物体外壳连接，G：屏蔽端）组成。如图 1-7 所示。

(1) 摇表的选用原则

①额定电压等级的选择。一般情况下，额定电压在 500V 以下的设备应选用 500V 或 1000V 的摇表；额定电压在 500V 以上的设备，选用 1000～2500V 的

图 1-7 摇表

第一章 印刷电工基础知识

摇表。

②电阻量程范围的选择。摇表的表盘刻度线上有两个小黑点之间区域为有效测量范围。

③要根据被测对象来选用不同电压和电阻测量范围的兆欧表。

(2) 摇表的使用

①校表。测量前应将摇表进行一次开路和短路试验,检查摇表是否良好。将两连线开路,摇动手柄,指针应指在无穷大处,再把两连线短接一下,指针应指在"0"处,符合上述条件者即良好,否则不能使用。被测设备与线路断开,对于大电容设备还要进行放电。

②选用电压等级符合的摇表。

③测量绝缘电阻时,一般只用"L"和"E"端,但在测量电缆对地的绝缘电阻或被测设备的漏电较严重时,就要使用"G"端,并将"G"端接屏蔽层或外壳。线路接好后,可顺时针方向转动摇把,摇动的速度应由慢而快,当转速达到每分钟120转左右时 (ZC-25型),保持匀速转动1分钟后读数,并且要边摇边读数不能停下来读数。

④拆线放电。读数完毕,一边慢摇,一边拆线,然后将被测设备放电。放电方法是将测量时使用的地线从摇表上取下来与被测设备短接一下即可 (不是摇表放电)。

注意事项如下。

a. 禁止在雷电时或高压设备附近测绝缘电阻,只能在设备不带电也没有感应电的情况下测量。

b. 摇测过程中,被测设备上不能有人工作。

c. 摇表接线柱上的引线,应采用多芯软线,并要有良好的绝缘。两根引线不能绞在一起,要分开。

d. 摇表未停止转动之前或被测设备未放电之前,严禁用手触及,拆线时,也不要触及引线的金属部分。

e. 测量结束时,对大电容设备要进行放电处理。

f. 要定期校验其准确度。

7. 钳型电流表(简称钳表)

钳表是一种用于测量正在运行的电气线路的电流大小的仪表,可在不断电的情况下测量电流。如图1-8所示。

图1-8 钳型电流表

钳表实质上是一只电流互感器钳型扳手和一只整流式磁电系有反作用力仪表所组成。

(1) 使用方法

①测量前钳表要机械调零。

②选择合适的量程，先选大，后选小量程或看铭牌值估算。

③当使用最小量程测量，其读数还不明显时，可将被测导线绕几匝，匝数要以钳口的匝数为准，则读数＝指示值×量程／（满偏×匝数）。

④测量时应使被测导线处在钳口的中央，并使钳口闭合紧密，以减少误差。

⑤测量完毕要将转换开关放在最大量程处。

（2）注意事项

① 被测线路的电压要低于钳表的额定电压。

② 测高压线路的电流时，一定要戴绝缘手套，穿绝缘鞋，站在绝缘垫上。

③ 钳口要闭合紧密，不能带电转换量程。

第二节　印刷设备电器元件

在印刷业工作高度发展的现代社会，生产过程已经实现了高度的自动化，印刷设备中的各种自动检测、自动控制、自动调节装备已经得到了高度的发展。任何一个印刷机械系统都是由各种机械和电气设备构成，这些电器用于电动机的启动、控制、调节和保护等电路中。特别是在自动化印刷机械中，低压电器作为自动控制工具起着很大的作用。例如印刷机的自动进纸、压印、检测与调速等。

一、低压电器的命名

低压电器是指用于交直流电压为1200V及以下的电路中起通断、保护、控制或调节作用的电器。用于印刷工业的低压电器品种较多、用途较广。

低压电器产品有多种多样的结构和用途，不同类型的产品有不同的型号表示方法。低压电器的型号一般由类组代号、设计代号、基本规格代号和辅助代号等几部分构成，表示形式和含义如下：

1　2　3　4　5／6　7

1：类组代号［用字母表示，表1-1中竖排字母是类别代号（第1个字母），横排字母是组别代号（第2个字母）］

2：设计代号（用数字表示，其中两位及两位以上的首位数字：5——化工用，6——农业用，7——纺织用，8——防爆用，9——船用）

3：特殊派生代号（用字母表示全系列产品在特殊情况下变化的特征，一般情况无此代号）

4：基本规格代号（用数字表示）

5：派生代号（用字母表示，见表1-2）

6：辅助规格代号（用数字表示）

7：热带产品代号（用字母表示）

表1-1 低压电器型号的类组代号

名称	代号	A	B	C	D	G	H	J	K	L	M	P	Q	R	S	T	V	W	X	Y	Z
刀开关和转换开关	H				刀开关		封闭式负载开关		开启式负载开关					熔断器式刀开关	刀形转换开关				其他		组合开关
熔断器	R			插入式			汇流排式			螺旋式	封闭管式				快速	有填料管式			限流	其他		
低压断路器	D									照明	灭磁				快速	万能式			限流	其他		装置式
控制器	K					鼓形						平面				凸轮				其他		
接触器	C					高压		交流				中频				时间				其他		直流
启动器	Q	按钮式		磁力式				减压								手动	油浸		星三角	其他		综合
控制继电器	J									电流					热	时间通用		温度	其他		中间
主令电器	L	按钮							主令控制器						主令开关	足踏开关	旋钮转换开关		行程开关	其他		
电阻器	Z		板形元件	冲片元件		管形元件									烧结元件	铸铁元件			电阻器	其他		
变阻器	B				旋臂式					励磁		频敏启动			石墨	启动调速	油浸启动	液体启动	滑线式	其他		
调整器	T				电压																	
电磁铁	M											牵引							起重			制动
其他	A	保护器		插销	钉		接线盒			铃												

表1-2 通用派生代号

派生字母	代表意义	派生字母	代表意义
A、B、C、D…	结构设计稍有改进或变化	P	电磁复位、防滴式、单相、两个电源、电压
J	交流、防溅式	K	开启式
Z	直流、自动复位、防震、重任务	H	保护式、带缓冲装置
W	无来弧装置	M	密封式、灭磁
N	可逆	Q	防尘式、手车式
S	有锁住机构、手动复位、防水式、三相、三个电源、双线圈	L	电流式
		F	高返回、带分励脱扣

低压电器型号举例说明如下：

(1) HD13-600/31 刀形隔离器。HD表示单投刀开关，13表示设计代号，说明是侧方正面操作机构式，600表示额定电流为600A，31中的3表示3极，1表示为带灭弧罩。全型号代表：3极侧方正面操作单投刀开关，其额定电流为600A，带有灭弧罩。

(2) CZ0-100/20 CZ表示直流接触器，0表示设计代号，100表示额定电流为100A，20中的2表示带两个常开主触头，0表示常闭主触头个数为0。全型号代表：

100A 直流接触器，带有两个常开主触头。

（3）CJB12-150　CJ 表示交流接触器，12 表示设计代号，B 表示灭弧方式采用栅片（CJ12 原灭弧方式采用磁吹，现在灭弧方式采用栅片，说明结构设计稍有变化，为了与 CJ12 有所区别就加派生代号 B），150 表示额定电流为 150A。全型号代表：150A 交流接触器，采用栅片灭弧。

（4）JZ3-44/1　JZ 表示中间继电器，3 表示设计代号，44 表示触头组合形式为 4 个常开触点与 4 个常闭触点，JS 为派生代号，J 表示交流线圈，S 表示带有保持线圈，1 表示敞开式板前安装。全型号代表：交流中间继电器，触头为 4 常开 4 常闭，带有保持线圈，敞开式板前安装。

二、常用低压电器

自动控制电器是按照信号或某个物理量的变化自动动作的。自动控制电器的种类很多，这里介绍几种印刷设备上常用的自动控制电器。

1. 接触器

接触器有交流接触器和直流接触器之分，直流接触器的结构和工作原理基本上与交流接触器相同。在结构上也是由电磁机构、触点系统和灭弧装置等部分组成。在印刷机上主要应用交流接触器控制主电路中电动机的通断。

（1）接触器的结构。如图 1-9 所示为交流接触器的外形与结构示意图。交流接触器由以下四部分组成。

①电磁机构。电磁机构由线圈、动铁芯（衔铁）和静铁芯组成，其作用是将电磁能转换成机械能，产生电磁吸力带动触点动作。

②触点系统。包括主触点和辅助触点。主触点用于通断主电路，通常为三对常开触点；辅助触点用于控制电路，起电气联锁作用，故又称联锁触点，一般常开、常闭各两对。

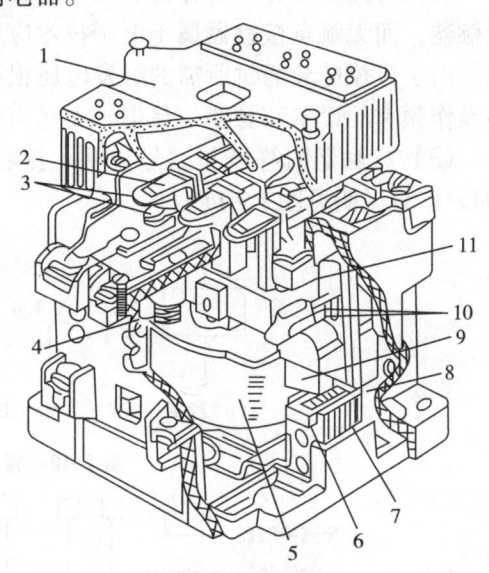

图 1-9　CJ10-20 型交流接触器
1—灭弧罩；2—触点压力弹簧片；3—主触点；
4—反作用弹簧；5—线圈；6—短路环；
7—静铁芯；8—弹簧；9—动铁芯；
10—辅助常开触点；11—辅助常闭触点

③灭弧装置。容量在 10A 以上的接触器都有灭弧装置。对于小容量的接触器，常采用双断口触点灭弧、电动力灭弧、相间弧板隔弧及陶土灭弧罩灭弧；对于大容量的接触器，采用纵缝灭弧罩及栅片灭弧。

④其他部件。包括反作用弹簧、缓冲弹簧、触点压力弹簧、传动机构及外壳等。

电磁式接触器的工作原理如下：线圈通电后，在铁芯中产生磁通及电磁吸力。此电磁吸力克服弹簧反力使得衔铁吸合，带动触点机构动作，常闭触点打开，常开触点闭合，互锁或接通线路。线圈失电或线圈两端电压显著降低时，电磁吸力小于弹簧反力，使得衔铁释放，触点机构复位，断开线路或解除互锁。

(2) 接触器的分类。交流接触器的种类很多，其分类方法也不尽相同。按照一般的分类方法，大致有以下几种。

①按主触点极数分。可分为单极、双极、三极、四极和五极接触器。单极接触器主要用于单相负荷，如照明负荷、焊机等，在电动机能耗制动中也可采用；双极接触器用于绕线式异步电机的转子回路中，启动时用于短接启动绕组；三极接触器用于三相负荷，例如在电动机的控制及其他场合，使用最为广泛；四极接触器主要用于三相四线制的照明线路，也可用来控制双回路电动机负载；五极交流接触器用来组成自耦补偿启动器或控制双笼型电动机，以变换绕组接法。

②按灭弧介质分。可分为空气式接触器、真空式接触器等。依靠空气绝缘的接触器用于一般负载，而采用真空绝缘的接触器常用在煤矿、石油、化工企业及电压在660V和1140V等一些特殊的场合。

③按有无触点分。可分为有触点接触器和无触点接触器。常见的接触器多为有触点接触器，而无触点接触器属于电子技术应用的产物，一般采用晶闸管作为回路的通断元件。由于可控硅导通时所需的触发电压很小，而且回路通断时无火花产生，因而可用于高操作频率的设备和易燃、易爆、无噪声的场合。

(3) 接触器的符号与型号说明。接触器的图形符号如图1-10所示，文字符号为KM。型号说明见图1-11。

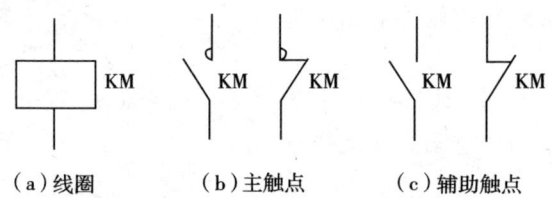

图1-10 接触器的图形符号

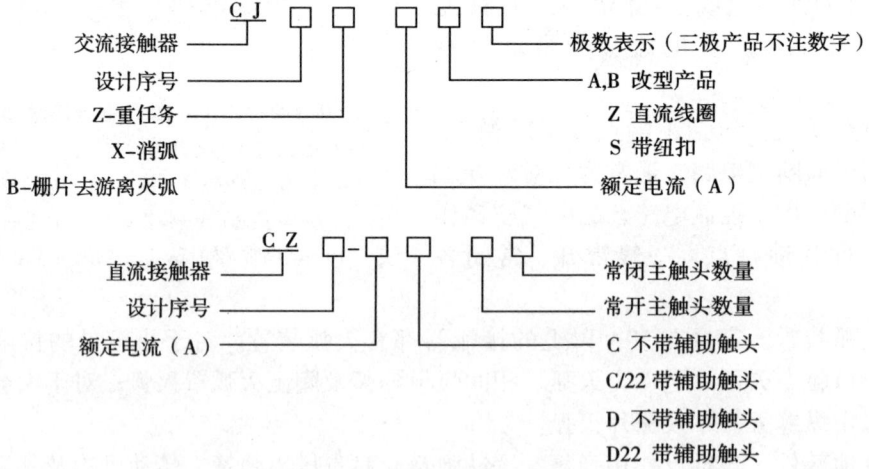

图1-11 接触器的型号说明

例如：CJ10Z-40/3为交流接触器,设计序号10,重任务型,额定电流40A 主触点为3极。CJ12T-250/3为改型后的交流接触器,设计序号12,额定电流250A,3个主触点。

(4) 如何选用交流接触器。接触器的线圈电压，一般应低一些为好，这样对接触器的绝缘要求可以降低，使用时也较安全。但为了方便和减少设备，常按实际电网电压选取。

电动机的操作频率不高，如压缩机、水泵、风机、空调、冲床等，接触器额定电流大于负荷额定电流即可。接触器类型可选用 CJ10、CJ20 等。

对重任务型电机，如机床主电机、升降设备、绞盘、破碎机等，其平均操作频率超过 100 次/分钟，运行于启动、点动、正反向制动、反接制动等状态，可选用 CJ10Z、CJ12 型的接触器。为了保证电机寿命，可使接触器降容使用。选用时，接触器额定电流大于电机额定电流。

对特重任务电机，如印刷机、镗床等，操作频率很高，可达 600~12000 次/小时，经常运行于启动、反接制动、反向等状态，接触器大致可按电机寿命及启动电流选用，接触器型号选 CJ10Z、CJ12 等。

交流回路中的电容器投入电网或从电网中切除时，接触器选择应考虑电容器的合闸冲击电流。一般接触器的额定电流可按电容器的额定电流的 1.5 倍选取，型号选 CJ10、CJ20 等。

用接触器对变压器进行控制时，应考虑浪涌电流的大小。例如交流电弧焊机、电阻焊机等，一般可按变压器额定电流的 2 倍选取接触器，型号选 CJ10、CJ20 等。

对于电热设备，如电阻炉、电热器等，负荷的冷态电阻较小，因此启动电流相应要大一些。选用接触器时可不用考虑（启动电流），直接按负荷额定电流选取。型号可选用 CJ10、CJ20 等。

由于气体放电灯启动电流大、启动时间长，对于照明设备的控制，可按额定电流 1.1~1.4 倍选取交流接触器，型号可选 CJ10、CJ20 等。

接触器额定电流是指接触器在长期工作下的最大允许电流，持续时间≤8h，且安装于敞开的控制板上，如果冷却条件较差，选用接触器时，接触器的额定电流按负荷额定电流的 110%~120% 选取。对于长时间工作的电机，由于其氧化膜没有机会得到清除，使接触电阻增大，导致触点发热超过允许温升。实际选用时，可将接触器的额定电流减小 30% 使用。

2. 继电器

继电器是根据某种输入信号的变化，接通或断开控制电路，实现自动控制和保护电力装置的自动电器。

继电器的种类很多，按输入信号的性质分为：电压继电器、电流继电器、时间继电器、温度继电器、速度继电器、压力继电器等；

按工作原理可分为：电磁式继电器、感应式继电器、电动式继电器、热继电器和电子式继电器等；

按输出形式可分为：有触点和无触点两类；

按用途可分为：控制用与保护用继电器等。

(1) 电磁式继电器的结构与工作原理。电磁式继电器是应用得最早、最多的一种形式，其结构及工作原理与接触器大体相同。由电磁系统、触点系统和释放弹簧等组成，电磁式继电器原理如图 1-12 所示。由于继电器用于控制电路,流过触点的电流比较小（一般5A以下），故不需要灭弧装置。

常用的电磁式继电器有电压继电器、中间继电器和电流继电器。电磁式继电器的图形、文字符号如图1-13所示。

（2）热继电器。热继电器是利用电流的热效应原理来进行工作的保护电器，它在电路中用于电动机的过载保护。主要由热元件、双金属片和触点三部分组成。

双金属片是热继电器的感测元件，它由两种不同线膨胀系数的金属用机械碾压而成。图1-14是热继电器的工作原理示意图。热元件串接在电动机的定子绕组中，电动机绕组电流即为流过热元件的电流。当电动机正常运行时，热元件产生的热量虽然能使双金属片弯曲，但不足以使热继电器动作。当电动机过载时，流过热元件的电流增大，流过热元件的电流增大。热元件产生的热量增加，使双金属片产生弯曲的位移增大，经过一段时间后，双金属片推动导板使继电器触头动作，切断电动机运行的控制电路，使接触器失电，从而利用接触器切断电动机的主电路，起到保护电动机的作用。图1-15是热继电器的图形符号。

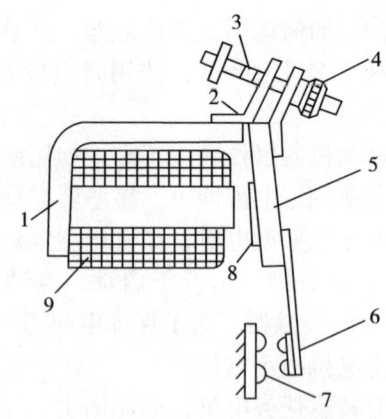

图 1-12 电磁式继电器原理图
1—铁芯；2—旋转棱角；3—释放弹簧；
4—调节螺母；5—衔铁；6—动触点；
7—静触点；8—非磁性垫片；9—线圈

图 1-13 电磁式继电器图形、文字符号

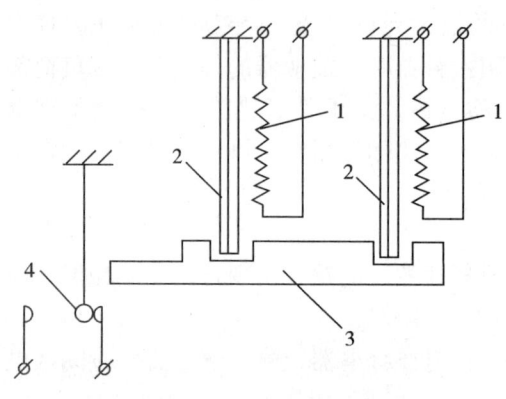

图 1-14 热继电器原理示意图
1—热元件；2—双金属片；3—导板；4—触点复位

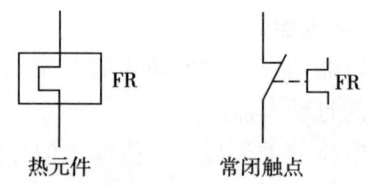

图 1-15 热继电器的图形符号

我国目前生产的热继电器主要有JR0、JR1、JR2、JR9、R10、JR15、JR16等系列，JR1、JR2系列热继电器采用间接受热方式，其主要缺点是双金属片靠发热元件间接加热，热耦合较差；双金属片的弯曲程度受环境温度影响较大，不能正确反映负载的过流情况。

JR15、JR16等系列热继电器采用复合加热方式并采用了温度补偿元件，因此较能正确反映负载的工作情况。

JR1、JR2、JR0 和 JR15 系列的热继电器均为两相结构，是双热元件的热继电器，可以用作三相异步电动机的均衡过载保护和 Y 联结定子绕组的三相异步电动机的断相保护，但不能用作定子绕组为 △ 联结的三相异步电动机的断相保护。

JR16 和 JR20 系列热继电器均有带有断相保护的热继电器，具有差动式断相保护机构。热继电器的选择主要根据电动机定子绕组的联结方式来确定热继电器的型号，在三相异步电动机电路中，对 Y 联结的电动机可选两相或三相结构的热继电器，一般采用两相结构的热继电器，即在两相主电路中串接热元件。对于三相感应电动机，定子绕组为 △ 联结的电动机必须采用带断相保护的热继电器。

（3）时间继电器。时间继电器是一种利用电磁原理或机械动作原理实现触点延时接通或断开的自动控制电器，其种类很多，常用的有电磁式、空气阻尼式、半导体和单片机等。

①直流电磁式时间继电器。在直流电磁式时间继电器的铁芯上增加一个阻尼铜套，即可构成时间继电器，其结构示意图如图 1-16 所示。它是利用电磁阻尼原理产生延时的，由电磁感应定律可知，在继电器线圈通断电过程中铜套内将感应电势，并流过感应电流，此电流产生的磁通总是反对原磁通变化。

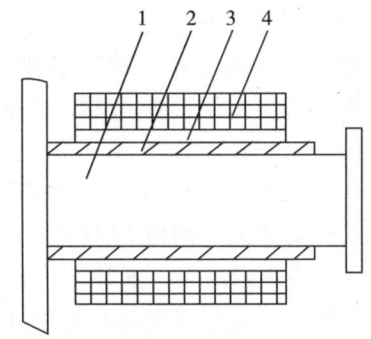

图 1-16　带有阻尼铜套的铁芯示意图
1—铁芯；2—阻尼铜套；3—绝缘层；4—线圈

电器通电时，由于衔铁处于释放位置，气隙大，磁阻大，磁通小，铜套阻尼作用相对也小，因此衔铁吸合时延时不显著（一般忽略不计）。

而当继电器断电时，磁通变化量大，铜套阻尼作用也大，使衔铁延时释放而起到延时作用。因此，这种继电器仅用作断电延时。

这种时间继电器延时较短，JT3 系列最长不超过 5s，而且准确度较低，一般只用于要求不高的场合。

②空气阻尼式时间继电器。空气阻尼式时间继电器，是利用空气阻尼原理获得延时的。它由电磁系统、延时机构和触点三部分组成，电磁机构为直动式双 E 型，触点系统是借用 LX5 型微动开关，延时机构采用气囊式阻尼器。

空气阻尼式时间继电器，既具有由空气室中的气动机构带动的延时触点，也具有由电磁机构直接带动的瞬动触点，可以做成通电延时型，也可做成断电延时型。电磁机构可以是直流的，也可以是交流的。

③半导体时间继电器。电子式时间继电器在时间继电器中已成为主流产品，电子式时间继电器是采用晶体管或集成电路和电子元件等构成，目前已有采用单片机控制的时间继电器。电子式时间继电器具有延时范围广、精度高、体积小、耐冲击和耐振动、调节方便及寿命长等优点，所以发展很快，应用广泛。

半导体时间继电器的输出形式有两种：有触点式和无触点式，前者是用晶体管驱动小型磁式继电器，后者是采用晶体管或晶闸管输出。

④单片机控制时间继电器。近年来随着微电子技术的发展，采用集成电路、功率电路和单片机等电子元件构成的新型时间继电器大量面市。如 DHC6 多制式单片机控制时间继电器、J5S17、J3320、JSZ13 等系列大规模集成电路数字时间继电器，J5145 等系列电子式数显时间继电器，J5G1 等系列固态时间继电器等。

DHC6 多制式单片机控制时间继电器是为适应工业自动化控制水平越来越高的要求而生产的。多种制式时间继电器可使用户根据需要选择最合适的制式，使用简便方法达到以往需要较复杂接线才能达到的控制功能。这样既节省了中间控制环节，又大大提高了电气控制的可靠性。

DHC6 多种制式时间继电器采用单片机控制，LCD 显示，具有 9 种工作制式、正计时、倒计时任意设定、8 种延时时段、延时范围从 0.01s～999.9h 任意设定、键盘设定，设定完成之后可以锁定按键，防止误操作。可按要求任意选择控制模式，使控制线路最简单可靠。其外形如图 1-17 所示。

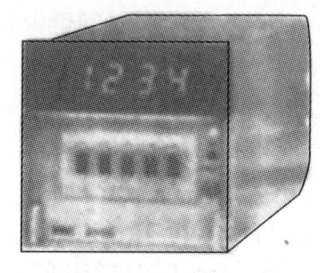

图 1-17 DHC6 多种制式时间继电器

J5S17 系列时间继电器由大规模集成电路、稳压电源、拨动开关、四位 LED 数码显示器、执行继电器及塑料外壳几部分组成。采用 32kHz 石英晶体振荡器，安装方式有面板式和装置式两种。装置式插座可用 M4 螺钉固定在安装板上，也可以安装在标准 35mm 安装卡轨上。

J5S20 系列时间继电器是四位数字显示小型时间继电器，它采用晶体振荡作为时间基准，采用大规模集成电路技术，不但可以实现长达 9999h 的长延时，还可保证其延时精度。配用不同的安装插座及附件可应用在面板安装、35mm 标准安装及螺钉安装的场合。

⑤计数式电子时间继电器。这种继电器的是采用对标准频率的脉冲进行分频和计数的延时环节，其工作原理如图 1-18 所示，标准频率脉冲发生器在指令信号作用下，产

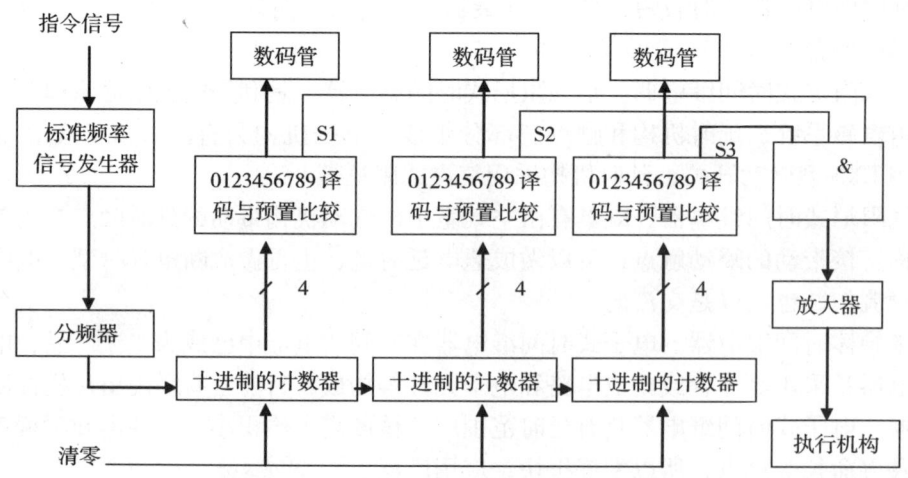

图 1-18 计数式电子时间继电器原理框图

生某一固定频率的脉冲，经分频器分频后得到所需的计数脉冲频率，这样每计一个脉冲就需一定时间，例如送入计数器的计数脉冲频率是 10Hz，则每计一个脉冲就需 0.1s。时间计数器所计脉冲的时间可通过译码显示电路直接用数码管显示出来，并通过由预置开关和与门电路组成的比较环节预置所需的延时时间。

例如 S1 置于 7 处，S2 置于 8 处，S3 置于 6 处，则当输入 678 个脉冲时，这三个译码器的相应输出端即有信号输出（高电平）。于是门电路打开，输出信号经放大器驱执行机构动作，全部延时为 68.7s。改变预置开关的位置，就可以获得不同大小的延时，为了增加延时，只要增加部分分频器的分频系数或增加计数器的位数即可。

这种时间继电器可以获得较长的延时，并具有较高的延时精度，容易构成多路时间程序控制器，所以它在自动控制系统中得到越来越广泛的应用。它的缺点是抗干扰能力差，延时值易受温度、电压波动的影响。时间继电器的文字符号用 KT 表示，图形符号如图 1-19 所示。

选用时间继电器时应注意：其线圈（或电源）的电流种类和电压等级应与控制电路相同；按控制要求选择延时方式和触点形式；校核触点数量和容量，若不够时，可用中间继电器进行扩展。

时间继电器新系列产品 JS14A 系列、JS20 系列半导体时间继电器、JS14P 系列数字式半导体继电器等具有体积小、延时精度高、寿命长、工作稳定可靠、安装方便、触点输出容量大和产品规格全等优点，广泛用于电力拖动、顺序控制及各种生产过程的自动控制中。

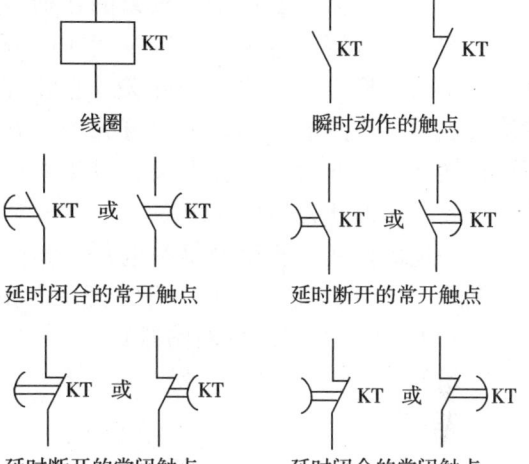

图 1-19 时间继电器的图形符号

（4）速度继电器。在自动控制中，有时需要根据电动机转速的高低来接通和分断某些电路，例如鼠笼式电动机的反接制动，当电动机的转速到很低时应立即切断电源，防止电动机反向启动。这种动作就需要速度继电器来控制完成。

图 1-20 是速度继电器的符号，图 1-21 是速度继电器的示意图。速度继电器的转轴与电动机的转轴相连，在速度继电器的转轴上固定着一个圆柱形的永久性磁铁；磁铁的外套有一个可以按正反方向偏转一定角度的外环，在外环的圆周上嵌有鼠笼绕组。当电动机转动时外环的鼠笼绕组切割永久磁铁的磁力线而产生感生电流，并产生转矩，使外环随着电动机的旋转方向转过一个角度。这时固定在外环支架上的顶块顶着动触头，使某一组触头动作。若电机反转，则顶块拨动另一组触头动作。当电动机的转速下降到 100r/min 左右时，由于鼠笼绕组的电磁力不足，顶块返回，触头复位。因继电器的触头动作与否与电动机的转速有关，所以称为速度继电器。又因速度继电器用于电动机的

反接制动，也可称为反接制动继电器。

使用速度继电器作反接制动时，应将永久磁铁装在被控制电动机的同一根轴上，而将其触头串联在控制电路中，与接触器、中间继电器配合，以实现反接制动。

3. 开关

在印刷机械自动控制中，常用的开关有手动切换电器和自动开关两大类。

手动切换电器主要用于非频繁的接通、分断容量不太大的低压供电电路，以及用作电源隔离开关。手动切换电器主要指刀开关，它和熔断器的组合也是其产品的范围，一般可分为刀开关和刀形转换开关、开启式负荷开关、封闭式负荷开关、熔断器式刀开关和组合开关。

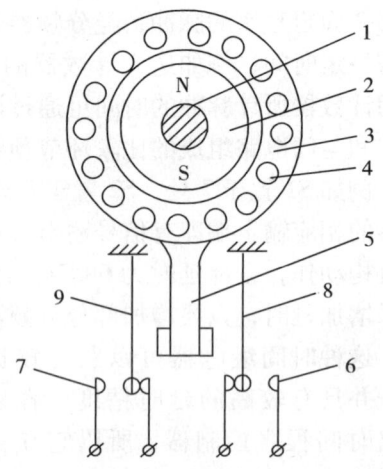

图1-21　速度继电器的结构和工作原理
1—转子；2—电机动轴；3—定子；4—绕组；
5—定子柄；6—静触点；7—动触片；8，9—簧片

开关是最普通、使用最早的电器。其作用是分合电路、开断电流。常用的有刀开关、隔离开关、负荷开关、转换开关（组合开关）、自动空气开关（空气断路器）等。

常用的 HD 系列和 HS 系列刀开关的外形如图 1-22 所示。刀开关的图形和文字符号如图 1-23 所示。

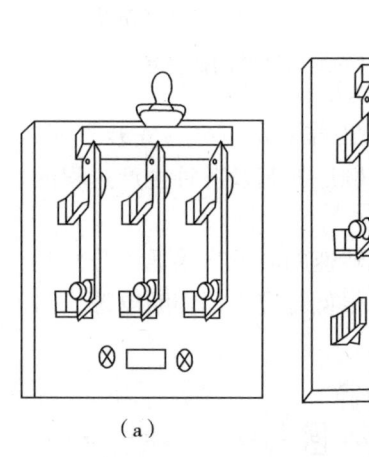

（a）　　　（b）

图1-22　HD 系列和 HS 系列刀开关的外形

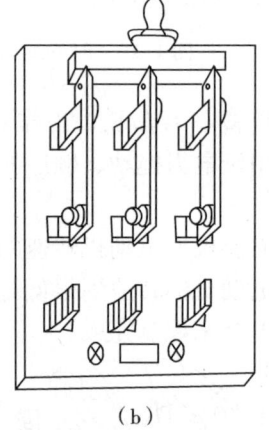

单级　　双级　　三级

图1-23　刀开关的图形、文字符号

刀开关是手动电器中结构最简单的一种，主要用作电源隔离开关，也可用来非频繁地接通和分断容量较小的低压配电线路。接线时应将电源线接在上端，负载接在下端，这样拉闸后刀片与电源隔离，可防止意外事故发生。

刀开关的主要类型有：大电流刀开关、负荷开关、熔断器式刀开关。常用的产品有：HD11～HD14 和 HS11～HS13 系列刀开关。

刀开关选择时应考虑以下两个方面。

（1）刀开关结构形式的选择。应根据刀开关的作用和装置的安装形式来选择，如

是否带灭弧装置，若分断负载电流时，应选择带灭弧装置的刀开关。根据装置的安装形式来选择，是否是正面、背面或侧面操作形式，是直接操作还是杠杆传动，是板前接线还是板后接线的结构形式。

（2）刀开关的额定电流的选择。一般应等于或大于所分断电路中各个负载额定电流的总和。对于电动机负载，应考虑其启动电流，所以应选用额定电流大一级的刀开关。若再考虑电路出现的短路电流，还应选用额定电流更大一级的刀开关。

QA 系列、QF 系列、QSA（HH15）系列隔离开关用在低压配电中，HY122 带有明显断口的数模化隔离开关，广泛用于楼层配电、计量箱、终端组电器中。

HR3 熔断器式刀开关具有刀开关和熔断器的双重功能，采用这种组合开关电器可以简化配电装置结构，经济实用，越来越广泛地用在低压配电上。

HK1、HK2 系列开启式负荷开关（胶壳刀开关），用作电源开关和小容量电动机非频繁启动的操作开关。

HH3、HH4 系列封闭式负荷开关（铁壳开关），操作机构具有速断弹簧与机械联锁，用于非频繁启动、28kW 以下的三相异步电动机。

4. 熔断器

熔断器是一种用来做过载和短路保护用的电器，它结构简单，性能可靠。熔断器主要由熔体和安装熔体的绝缘管（绝缘座）组成。使用时，熔体串接于被保护的电路中，当电路发生短路故障时，熔体被瞬时熔断而分断电路，起到保护作用。

（1）插入式熔断器。如图 1-24 所示，它常用于 380V 及以下电压等级的线路末端，作为配电支线或电气设备的短路保护用。

（2）螺旋式熔断器。如图 1-25 所示。熔体上的上端盖有一个熔断指示器，一旦熔体熔断，指示器马上弹出，可透过瓷帽上的玻璃孔观察到，它常用于机床电气控制设备中。螺旋式熔断器。分断电流较大，可用于电压等级 500V 及其以下、电流等级 200A 以下的电路中，作短路保护。

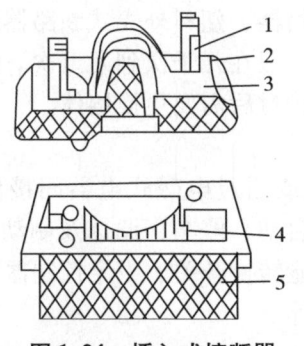

图 1-24　插入式熔断器
1—动触点；2—熔体；3—瓷插件；
4—静触点；5—瓷座

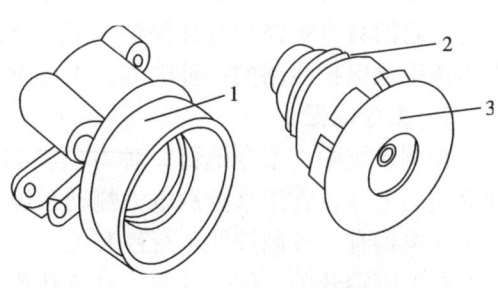

图 1-25　螺旋式熔断器
1—底座；2—熔体；3—瓷帽

（3）封闭式熔断器。封闭式熔断器分有填料熔断器和无填料熔断器两种，如图 1-26 和图 1-27 所示。有填料熔断器一般用方形瓷管，内装石英砂及熔体，分断能力强，用于电压等级 500V 以下、电流等级 1kA 以下的电路中。无填料密闭式熔断器将熔体装

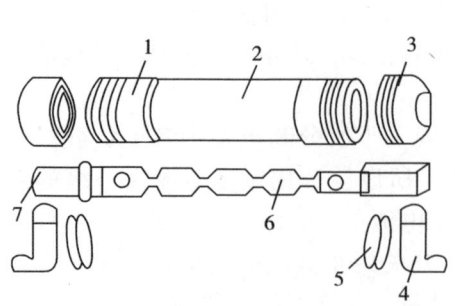

图1-26 无填料密闭管式熔断器
1—铜圈；2—熔断管；3—管帽；4—插座；
5—特殊垫圈；6—熔体；7—熔片

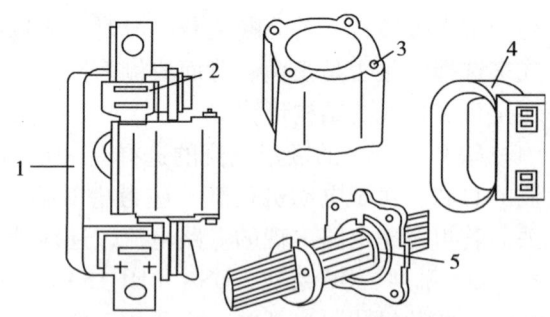

图1-27 有填料封闭管式熔断器
1—瓷底座；2—弹簧片；3—管体；
4—绝缘手柄；5—熔体

入密闭式圆筒中，分断能力稍小，用于500V以下、600A以下电力网或配电设备中。

（4）快速熔断器。它主要用于半导体整流元件或整流装置的短路保护。由于半导体元件的过载能力很低，只能在极短时间内承受较大的过载电流，因此要求短路保护具有快速熔断的能力。快速熔断器的结构和有填料封闭式熔断器基本相同，但熔体材料和形状不同，它是以银片冲制的有V形深槽的变截面熔体。

（5）自复熔断器。采用金属钠作熔体，在常温下具有高电导率。当电路发生短路故障时，短路电流产生高温使钠迅速汽化，气态钠呈现高阻态，从而限制了短路电流。当短路电流消失后，温度下降，金属钠恢复原来的良好导电性能。自复熔断器只能限制短路电流，不能真正分断电路。其优点是不必更换熔体，能重复使用。

工作时，熔断器串联在被保护的电路中。当电路发生短路或严重过载时，熔断器中的熔断体将自动熔断，起到保护作用，最常见的就是保险丝。另外还有断路器，俗称"空气开关"，也是一种短路保护器，当过流时，它会自动跳闸，起到保护作用。熔断器、断路器都是保护电器，但它们是不同的。断路器是总称，它分为两种——框架式断路器和塑料外壳式断路器。框架式断路器俗称万能断路器，塑料外壳式断路器俗称空气开头，它们具有短路和过载保护，可重复使用，寿命一般在几千次到几万次。熔断器是靠熔体熔化保护线路的一种电器，不可重复使用，保护过后需要更换熔体。

5. 主令电器

控制系统中，主令电器一种专门发布命令、直接或通过电磁式电器间接作用于控制电路的电器，常用来控制电力拖动系统中电动机的启动、停车、调速及制动等。常用的主令电器有：控制按钮、行程开关、接近开关，万能转换开关、主令控制器及其他主令电器如脚踏开关、倒顺开关、紧急开关、钮子开关等。

第二章 电动机

本章学习目标：
1. 掌握电动机的分类。
2. 常用直流电动机的分类与工作原理以及在印刷机上的应用。
3. 掌握三相整流子式电动机和电磁调速异步电动机工作原理，为第四章读懂电路图打下基础。
4. 了解几种特种电动机的工作原理以及在印刷机上的应用。

本节应重点掌握的术语：

直流电动机　三相整流子式交流电动机　电磁调速异步电动机　印刷机上的几种特种电动机及应用

【任务】
1. 掌握电动机的分类方法。
2. 直流电动机的分类及工作原理。
3. 三相整流子式异步电动机的工作原理。
4. 电磁调速异步电动机的工作原理。
5. 印刷机上常用的几种特种电动机。

电动机也称电机（俗称马达），在电路中用字母"M"（旧标准用"D"）表示。它的主要作用是产生驱动力矩，作为用电器或小型机械的动力源。根据电磁原理，把电能转换为机械能的旋转机械，称为电动机，俗称马达。印刷设备中常用的电机主要分两类：一类是驱动电机，一类是控制电机。驱动电机是印刷设备的主要动力源，包括各种类型的交、直流电动机。交流异步电动机较之其他类型的电动机结构简单，价格便宜，运行可靠，维护方便，某些印刷机或者辅助用电动机在不要求调速时可采用；大多数印刷机要求调节转速，则可选用直流电动机、整流子式电动机或电磁调速异步电动机（滑差电动机）。控制电机也叫特种电动机，常见的有步进电动机、伺服电动机、测速发电机等，这些电机不是作为动力来使用的，它的主要任务是转换和传递控制信号。

第一节　直流电动机

直流电动机是将直流电能转换为机械能的旋转机械。它与交流电动机（如三相异步电动机）相比，虽然因结构比较复杂、生产成本较高、故障较多等，目前已不如交流电动机应用普遍，但由于它具有优良的调速性能和较大的启动转矩，在印刷设备中得到广泛应用，主要是他励和并励直流电动机。

一、直流电动机的结构与工作原理

1. 直流电动机的结构

电动机的结构分为两部分，即定子（外边固定部分）和电枢（转动部分），如图2-1所示。

（1）定子。直流电动机的定子主要有主磁极、换向磁极、机座、端盖和电刷装置等部件。

磁极是电动机中产生磁场的装置，如图2-2所示。主要有铁芯、机靴和励磁绕组三部分。

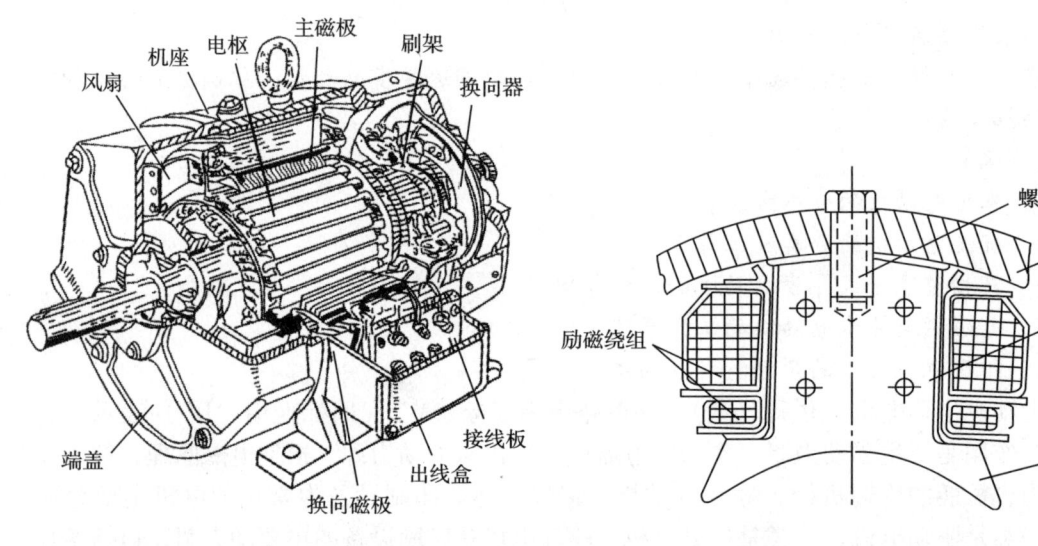

图 2-1　直流电动机的主要结构　　　　　图 2-2　主磁极

换向磁极又称间极，用于改善电机换向和减小火花，它装在两个主磁极中间，如图2-3所示。其结构如图2-4所示。

换向磁极的极性应和它前面主磁极的极性相同，如图2-5所示。

机座除了支撑整个电机的作用外，它还是磁路的一部分，大多采用铸钢或钢板制成。如图2-6所示。

电动机机座两端各装一个端盖，用以保护电机免受外界损害，同时支撑轴承，固定刷架。端盖通常用铸铁制成。

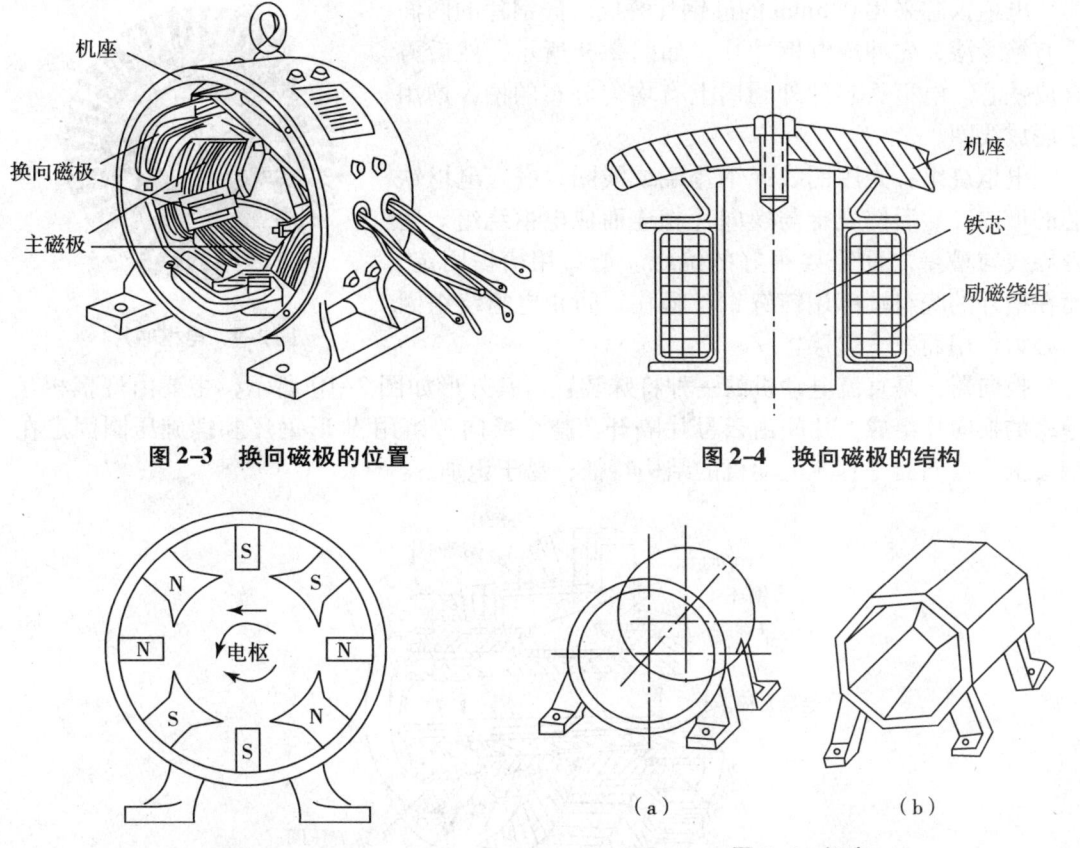

图 2-3 换向磁极的位置　　　　图 2-4 换向磁极的结构

图 2-5 换向磁极的极性　　　　图 2-6 机座

刷架是将电源的直流电收入旋转电枢的一个重要部件。它由刷杆座、刷杆、刷握和电刷等组成，如图 2-7 所示。

（2）电枢。电枢又称为转子。电枢是电动机中产生感应电动势的部分。主要包括电枢铁芯、电枢绕组、换向器、风扇和转轴等，如图 2-8 所示。

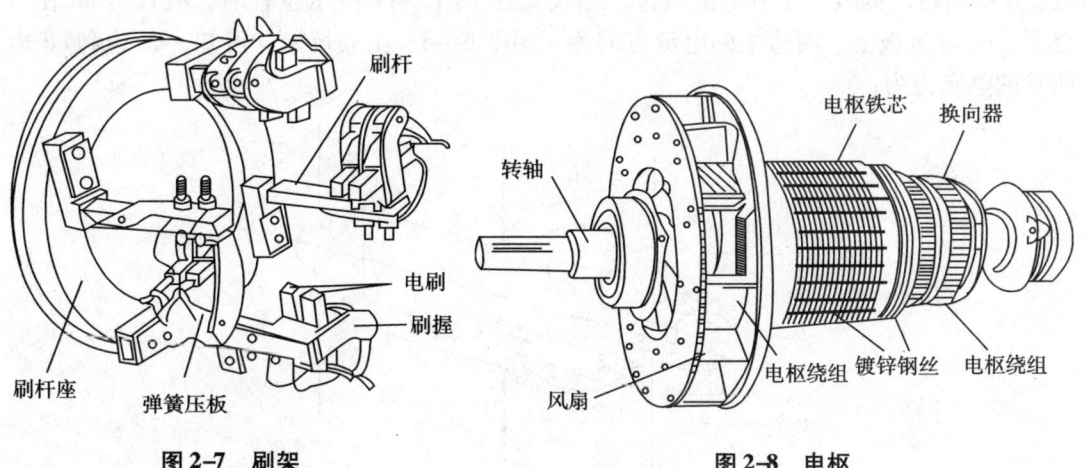

图 2-7 刷架　　　　图 2-8 电枢

第二章 电动机

电枢铁芯采用 0.5mm 的硅钢片叠成。硅钢片的两面涂有绝缘漆，先冲成电枢冲片，如图 2-9 所示，然后再叠成铁芯。电枢铁芯的外圆周上有均匀分布的槽，槽用于嵌放线圈。

电枢绕组：先用铜线或钢排绕成线圈，嵌入电枢铁芯的槽内，然后按规定与换向片相连而成电枢绕组。槽内导线与槽壁之间需要很好的绝缘。槽口用槽楔固定，而在槽外的绕组端部用镀锌钢丝箍住，防止电枢绕组因离心力作用而发生位移。

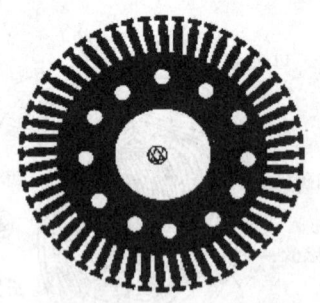

图 2-9　电枢冲片

换向器：是直流电动机的一种特殊装置，其外形如图 2-10 所示，主要由许多相互绝缘的换向片组成，片间由云母片隔开。整个换向片组用 V 形钢环和螺旋压圈固定在钢套上。换向器是直流电动机的结构特征，易于识别。

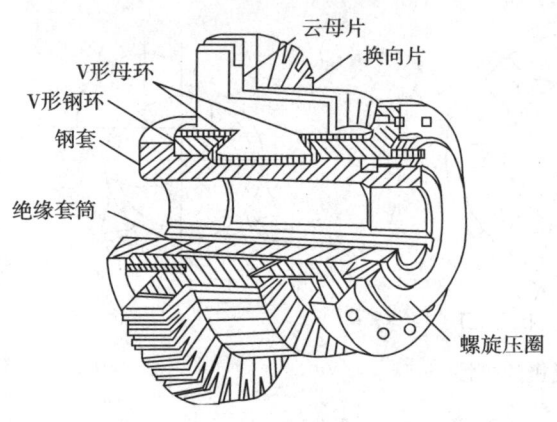

图 2-10　换向器

2. 直流电动机的工作原理

图 2-11 是直流电动机的示意图。若在 A、B 之间外加一个直流电压，A 接电源正极，B 接负极，则线圈中有电流流过。当线圈处于图 2-11 所示位置时，有效边 ab 在 N 极下，cd 在 S 极上，两边中的电流方向为 a→b，c→d。由安培定律可知，ab 边和 cd 边所受的电磁力为：

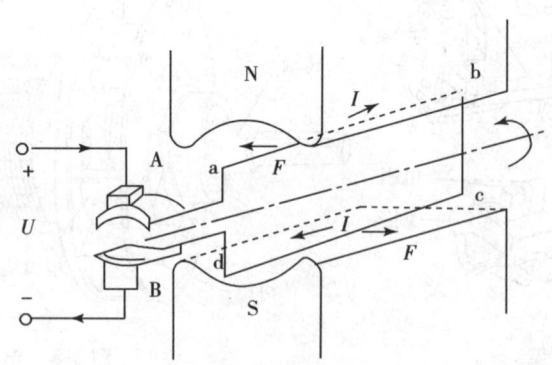

图 2-11　直流电动机原理图

$$F = BLI$$

式中，I 为导线中的电流，单位为安（A）。根据左手定则知，两个 F 的方向相反，如图 2-5 所示，形成电磁转矩，驱使线圈逆时针方向旋转。当线圈转过 180°时，cd 边处于 N 极下，ab 边处于 S 极上。由于换向器的作用，使两有效边中电流的方向与原来相反，变为 d→c、b→a，这就使得两极面下的有效边中电流的方面保持不变，因而其受力方向，电磁转矩方向都不变。

由此可见，正是由于直流电动机采用了换向器结构，使电枢线圈中受到的电磁转矩保持不变，在这个电磁转矩作用下使电枢按逆时针方向旋转。这时电动机可作为原动机带动生产机械旋转，即由电动机向机械负载输出机械功率。

二、直流电动机的分类

在直流电动机中，除了必须给电枢绕组外接直流电源外，还要给励磁绕组通以直流电流用以建立磁场。电枢绕组和励磁绕组可以用两个电源单独供电，也可以由一个公共电源供电。按励磁方式的不同，直流电动机可以分为他励、并励、串励和复励等形式。由于励磁方式不同，它们的特性也不同。

1. 他励电动机

他励电动机的励磁绕组和电枢绕组分别由两个电源供电，如图 2-12 所示。他励电动机由于采用单独的励磁电源，设备较复杂。但这种电动机调速范围很宽，在印刷设备中多用于主机拖动中，例如：JJ201 型卷筒纸双面双色胶印机的主电动机即采用直流他励式电动机。

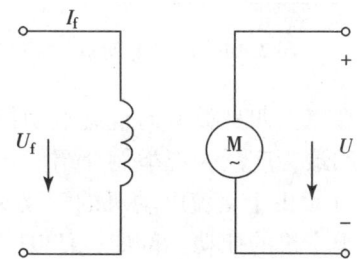

图 2-12 他励电动机

2. 并励电动机

并励电动机的励磁绕组是和电枢绕组并联后由同一个直流电源供电，如图 2-13 所示，这时电源提供的电流 I 等于电枢电流 I_a 和励磁电流 I_f 之和，即 $I = I_a + I_f$。

并励电动机励磁绕组的特点是导线细、匝数多、电阻大、电流小。这是因为励磁绕组的电压就是电枢绕组的端电压，这个电压通常较高。励磁绕电阻大，可使 I_f 减小，从而减小损耗。由于 I_f 较小，为了产生足够的主磁通 Φ，就应增加绕组的匝数。由于 I_f 较小，可近似为 $I = I_a$。

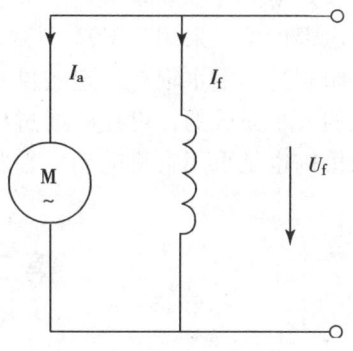

图 2-13 并励电动机

并励直流电动机的机械特性较好，在负载变时，转速变化很小，并且转速调节方便，调节范围大，启动转矩较大。因此在印刷机械中应用广泛。例如：YBF-103 型圆盘式双头包封面机的传动主电机，采用的是容量为 2.2kW 的并励直流电动机；J2106 型胶印机的水辊传动机构，采用的是微型并励直流电动机，并通过可控硅装置来调节电机转速，从而调节水辊供水量。

3. 串励电动机

串励电动机的励磁绕组与电枢绕组串联之后接直流电源，如图 2-14 所示。串励电动机励磁绕组的特点是其励磁电流 I_f 就是电枢电流 I_a，这个电流一般比较大，所以励磁绕组导线粗、匝数少，它的电阻也较小。

串励电动机多用于负载在较大范围内变化的和要求有较大启动转矩的印刷设备中。

4. 复励电动机

这种直流电动机的主磁极上装有两个励磁绕组，一个与电枢绕组串联，另一个与电枢绕组并联，如图 2-15 所示。所以复励电动机的特性兼有串励电动机和并励电动机的特点，也被广泛应用。

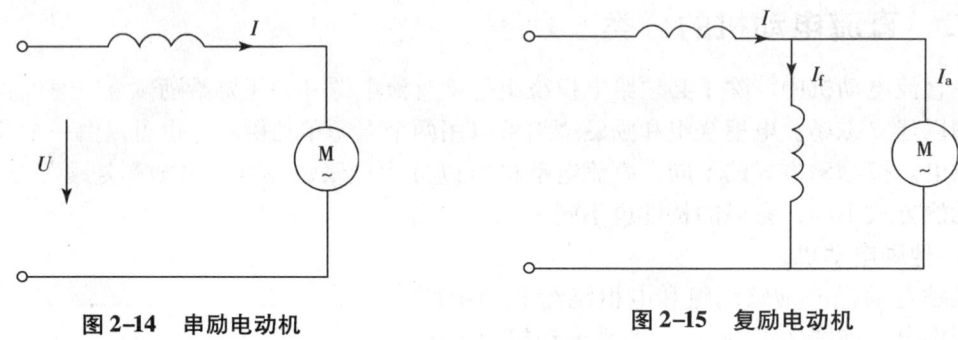

图 2-14　串励电动机　　　　　　图 2-15　复励电动机

在以上四种类型的直流电动机中，以并励直流电动机和他励直流电动机在印刷设备中应用最为广泛，现举例介绍。

（1）由于直流电动机的启动力矩大，能在很大的范围内均匀而经济的调速，因此常用于主机的拖动。例如：JJ201 型卷筒纸双面双色胶印机的主电机，为直流他励电动机，型号是：Z2-81D2 型，功率 30kW，调速范围 150～1500r/min，调速比为 1∶10。

（2）除用于主机驱动外，直流电机也常用于水辊和墨辊的传动机构。J2106 型胶印机的水辊传动，采用 11E03 型微型并励直流电动机，励磁绕组是以固定电压供电。为保证印刷过程中水辊有一定的供水量，该直流电机的调速，是由可控硅来控制电枢绕组电流的大小完成的，可控硅通过单相阻容移相电路来控制。JJ201 型胶印机的给水给墨传动机构也是采用直流电动机来驱动和调速的。

第二节　交流电动机

交流电动机中的异步电动机，由于具有结构简单、运行可靠、使用方便、价格低廉等显著特点，在印刷机械中应用较多。

一、三相异步电动机

异步电动机又称感应电动机，有单相和三相之分。

三相异步电动机按照转子结构形式不同分为鼠笼式和绕组式两种。如图 2-16 就是三相异步电动机的部件图。

异步电动机主要由两个基本部分组成,固定部分为定子,转动部分为转子。定子与转子之间的间隙称为空气隙,异步电动机的空气隙很小,一般为 0.2~2mm,此外还有支撑转子的端盖,端盖内一般装有滚珠或滚柱轴承。

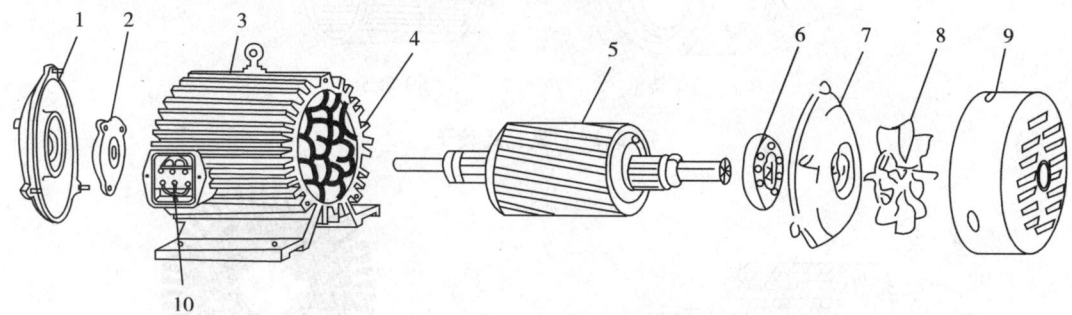

图 2-16 拆散后的三相异步电动机

1—端盖;2—轴承;3—机座;4—定子;5—转子;
6—轴承;7—端盖;8—风扇;9—风罩;10—接线盒

1. 定子

定子是由机座、定子铁芯和定子绕组三部分组成。机座主要用于支撑定子铁芯和固定端盖。

定子铁芯是电机磁路的一部分,由 0.5mm 厚的硅钢片叠在筒形铁芯上,如图 2-17 (a) 所示,硅钢片形状如图 2-17 (b) 所示,片间互相绝缘以减少涡流损失。铁芯的内表面上分布有与轴平行的槽,槽内嵌放三相绕组,绕组与铁芯之间有良好的绝缘。定子绕组有三组,对称分布在定子铁芯上。绕组可以连成星形和三角形。

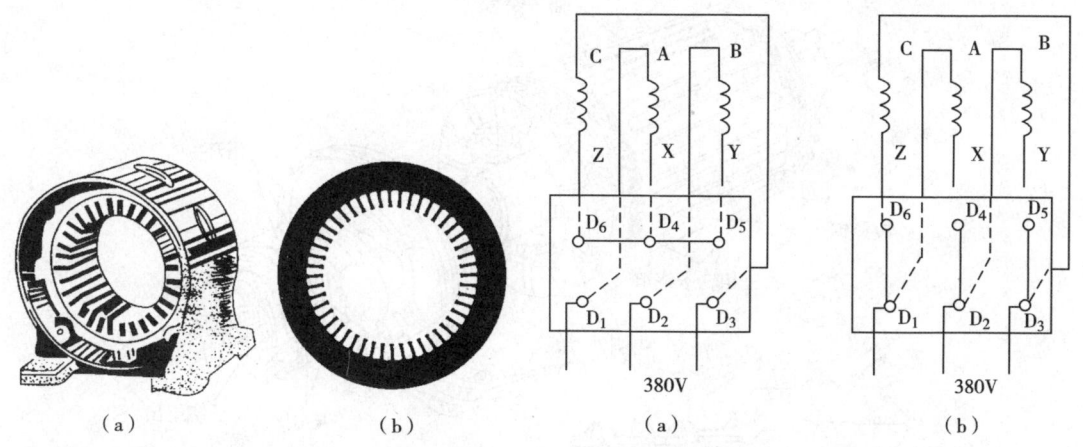

图 2-17 未装绕组的定子与定子的硅钢冲片

图 2-18 三相定子绕组连接示意图

2. 转子

转子由转轴、转子铁芯和转子绕组三部分组成。三相异步电动机的绕组分为鼠笼式和绕线式两种。图 2-19 为鼠笼式转子、图 2-20 为绕线式转子。转子铁芯是电动机磁路一部分,也是由 0.5mm 厚的硅钢片叠压而成。转子冲片的形状如图 2-21 所示。钢片两面涂有绝缘漆以减小铁损。转子外表面有均匀分布的槽,槽内安放转子导体。

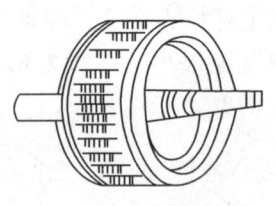 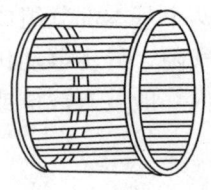

(a) 转子绕组　　　　　　(b) 转子

图 2-19　鼠笼式转子

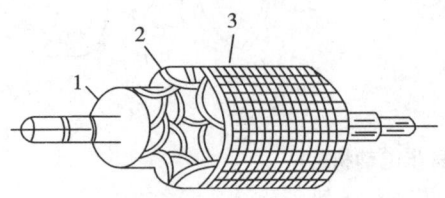

图 2-20　绕线式转子

1—集电环；2—转子绕组；3—转子铁芯

图 2-21　转子的硅钢片

绕线式转子绕组和定子绕组相似，也是三相对称绕组。转子的三相绕组一般为星形连接，三个端线则分别接到与转轴固定的三个铜制滑环上。环与环之间以及环与转子之间都彼此绝缘，在各个环上都装有一对电刷，通过电刷使转子绕组与变阻器接通。

具有绕线转子的电动机叫绕线式电动机，又叫滑环式电动机。绕线式电动机转子的外形与结构如图 2-22 所示。

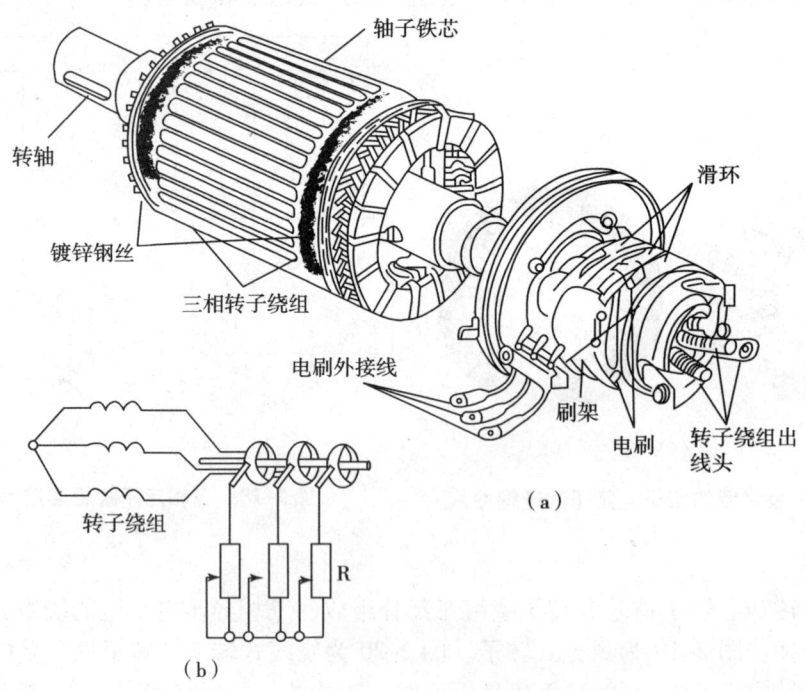

图 2-22　绕线式电动机转子的外形与结构示意图

二、电磁调速异步电动机

电磁调速异步电动机又称滑差电机,它是一种恒转矩交流无级变速电动机。由于它具有调速范围广、速度调节平滑、启动转矩大、控制功率小、有速度负反馈的自动调节系统时机械特性硬度高等一系列优点,因此在印刷机及骑马订书机、无线装订高频烘干联动机中都得到广泛应用。如801型对开立式停回转凸版印刷机、JS2101型对开双面胶印机、J2105型对开单色胶印机、J2108型对开单色胶印机、PZ4880-01A型对开四色胶印机等印刷机械采用这种电动机就更能符合印刷工艺要求。烘版机采用这种电动机调速后,能有效地控制胶膜厚度,操作十分方便。骑马订书机采用这种电动机调速,能够根据书刊的要求相应地调节转速而提高书刊装订质量。

带有速度负反馈的电磁调速异步电动机的主要缺点是:在空载或轻载(小于10%额定转矩)时,由于反馈不足,会造成失控现象;在调速时,随着转速降低,离合器的输出功率和效率也相应地按比例下降。所以此电机适用于长期高速运转和短时间低速运转。为适应印刷机低速运转的需要,在采用电磁调速异步电动机为主驱动的印刷机中往往再配装一台三相异步电动机作为低速电机使用。

1. 电磁调速异步电动机结构与工作原理

电磁调速异步电动机是由普通鼠笼式异步电动机、电磁滑差离合器和电气控制装置三部分组成。异步电机作为原动机使用,当它旋转时带动离合器的电枢一起旋转,电气控制装置是提供滑差离合器励磁线圈励磁电流的装置。这里主要介绍电磁滑差离合器,图2-23是其结构示意图。它包括电枢、磁极和励磁线圈三部分。电枢为铸钢制成的圆筒形结构,它与鼠笼式异步电动机的转轴相连接,俗称主动部分;磁极做成爪形结构,装在负载轴上,俗称

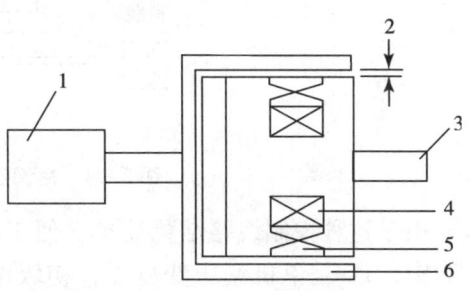

图2-23 电磁滑差离合器基本结构示意图
1—原动机;2—工作气隙;3—主轴;
4—输出轴;5—磁极;6—电枢

从动部分。主动部分和从动部分在机械上无任何联系。当励磁线圈通过电流时产生磁场,爪形结构便形成很多对磁极。此时若电枢被鼠笼式异步电动机拖着旋转,那么它便切割磁场相互作用,产生转矩,于是从动部分的磁极便跟着主动部分电枢一起旋转,前者的转速低于后者,因为只有当电枢与磁场存在着相对运动时,电枢才能切割磁力线。磁极随电枢旋转的原理与普通异步电动机转子跟着定子绕组的旋转磁场运动的原理没有本质区别,所不同的是:异步电动机的旋转磁场由定子绕组中的三相交流电产生,而电磁滑差离合器的磁场则由励磁线圈中的直流电流产生,并由于电枢旋转才起到旋转磁场的作用。

2. 电磁调速异步电动机的启动与调速

(1) 电磁调速异步电动机的启动。该电动机与转运惯量较大的工作机械之间装有滑差离合器,启动时可以逐渐增加电流,能很平滑地启动。

在阻力较大的拖动系统中,例如J2203胶印机,电动机往往不能带负载直接启动,这时可在启动前先断开离合器的励磁电源,使鼠笼电动机先空载启动,然后再接上励磁

电源就可启动了。

(2) 电磁调速异步电动机的调速。由电磁调速异步电动机的工作原理知，电磁调速异步电动机的速度调节，可通过调节滑差离合器的励磁电流来实现。下面介绍两种调节滑差离合器励磁电流的电路。

①用调压器调速。在图2-24中，是用调压变压器来改变励磁电流的整流器电源电压，以达到调速的目的。在此系统中，没有速度负反馈，电机的机械特性较软，一般可用于要求不高的调速差系统中，如制铜锌版使用的无粉腐蚀机、胶印制版的烘版机等。

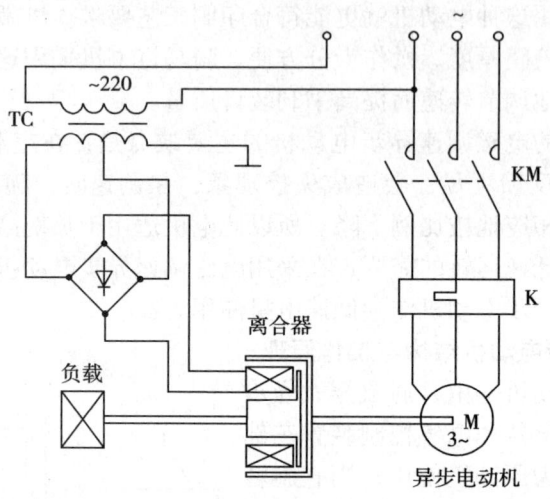

图2-24　用调压变压器控制的调速电路

由于这种控制线路结构简单，便于维护，所以在印刷机构中仍有实用意义。在图2-24中，TC是单机调压变压器，初级电压220V，次级电压为0～250V。整流元件是2CZ型硅二极管，型号的选择应根据离合器励磁线圈的功率或电流来确定。从电路图可看出，只要改变调压变压器的次级电压，就能改变整流输出直流电压，即改变滑差离合器励磁电流，这样就能调节电机的转速。

②速度负反馈电磁调速异步电动机控制电路。现在广泛采用具有速度负反馈的滑差离合器的控制装置，来实现宽范围无级调速，它比起其他调速电动机来说，具有以下主要优点：

a. 交流无级调速，机械特性硬度较高；

b. 结构简单、工作可靠、维护方便、价格低廉；

c. 调速范围大，用在像印刷机这样的恒转矩负载时，一般可达10∶1，有特殊要求（如轮转机）时亦可达50∶1；

d. 可调节转矩。在现代化的联合轮转机中，都应用了自动化的纸张拉紧机械，它可以达到随着卷筒纸直径的变化，调节离合器的转矩保持拉力不变。

三、三相整流子式电动机

转子上带有换向器（见直流电机）的电枢绕组的三相交流电动机，又称三相异步换向器电动机或交流整流小电动机，是一种恒转矩交流调速电动机。其调速范围较宽，最高转速与最低转速之比通常有 3∶1、6∶1、10∶1 几种。它还有调节功率因数的功能，使最高额定转速时的满载功率因数，在无补偿时也可达 0.98 左右。与一般笼式三相异步电动机相比，三相交流换向器电动机的启动电流较小，启动转矩较大，但满载效率稍低；与电磁调速异步电动机相比，它不仅能在空载情况下调速，而且调速范围较大，其性能指标与晶闸管电动机相仿。

三相交流整流子式电动机能在恒定转矩和规定的调速范围内作均匀的连续无级调速。具有调速范围广、启动性能良好、负载效率和功率因数较高、速度调节精密和安装场地经济等优点，所以曾经在印刷机械中得到广泛的应用。

早期由上海人民机器厂和北京人民机器厂制造的胶印机、铅印机、轮转机、凹印机和凸印机等用的主拖动电机，均采用三相异步整流子式电动机。如 LP1101 型、LP1103 型全张单面凸版轮转印刷机、J2102 型对开单色胶印机等。日本三菱 M-5CP 全张双面胶印机、德国海德堡 Speedmaster 102V 型四色胶印机也采用三相整流子式电动机。

三相交流整流子式电动机缺点是：由于在电机转子上有一套整流子（换向器）以及电刷转盘，所以较其他异步电机结构复杂、运行中维护与保养工作量较大，故障率较高。

1. 整流子式电动机结构与工作原理

三相整流子式电动机为反装式异步电动机，采用转子供电式结构，如图 2-25（a）所示，接线如图 2-25（b）所示。定子铁芯是由 0.5mm 厚的硅钢片叠成；槽内嵌着多相双层定子绕组，也叫副绕组（图中以三相形式表示，一般不为三相），各相绕组的首末两端，分别通过机座两侧的两连接板和换向器上电刷相连接。各相首端所接的电刷为一组（图中以 X′、Y′、Z′ 表示），末端所接的电刷为另一组（以 U′、V′、W′ 表示），这两组电刷分别固定在两个转盘上。

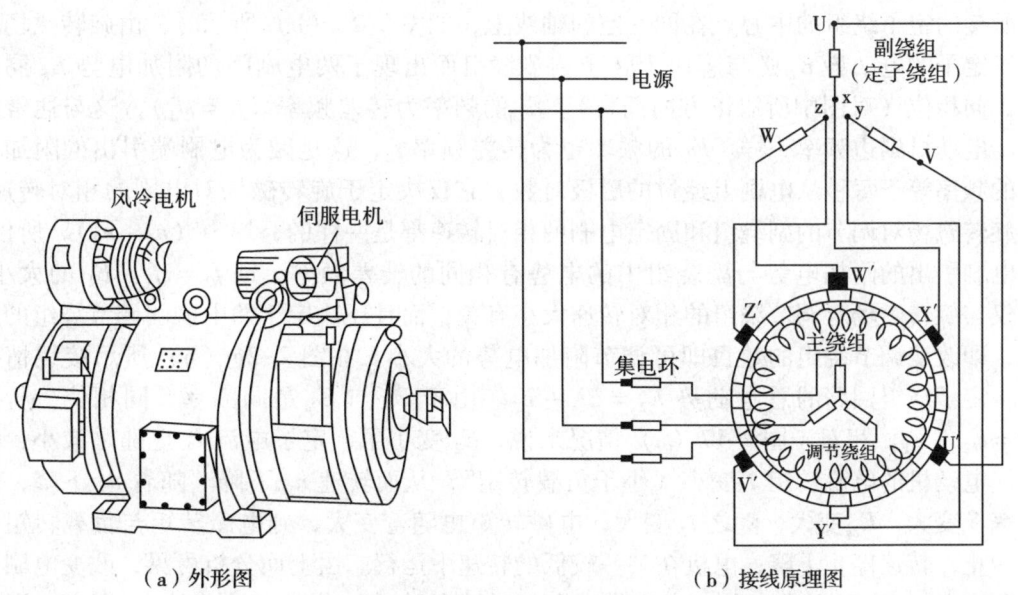

图 2-25 三相交流整流子式电动机外形与接线原理图

转子铁芯也由硅钢片叠成，铁芯槽内嵌有两个绕组：一个是三相初级绕组，也就是主绕组，放在槽子底部，可做星形或三角形连接（图中为星形连接），三相电源通过集电环和电刷对它馈电；另一个是和换向器相连的调节绕组，放在槽子顶部，它通过换向器，并通过电刷转盘与定子绕组相接。

电机转速和功率因数的调节机构，主要是通过一个手轮以及两个可以作相对移动的电刷转盘和一套联动齿轮所组成，调速手轮。

当定子每相绕组的两个电刷放在同一换向片时，如图2-26（a）所示，定子每相绕组各自短路，其情况与普通异步电动机相同，只是原边在转子，副边在定子，成为反装式异步电机。这时，如果原边旋转磁场为逆时针方向旋转，则作用于定子的电磁转矩沿逆时针方向旋转。由于定子是固定不动的，根据作用力与反作用力大小相等，方向相反，可知转子受到的电磁转矩是顺时针方向，因此转子沿顺时针方向旋转起来。设此时转子转速 $n_2 = n_{20}$，这个转速略小于旋转磁场对转子的转速 n_1（同步转速），因此，从定子观察的旋转磁场沿逆时针方向旋转，其转速为 $(n_1 - n_2)$。

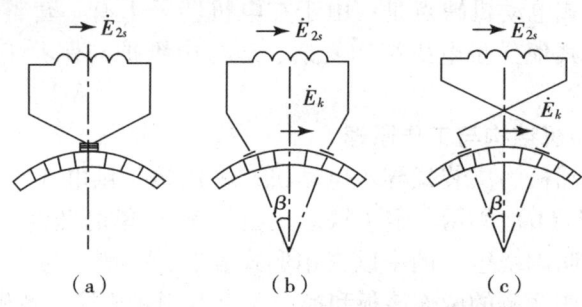

图2-26 移动电刷位置调节转速原理

当定子每相绕组的两个电刷适当地分开，并使两电刷之间的一段调节绕组的中心点与所接的定子绕组的中心点在同一空间轴线上，如图2-26（b）所示时，由旋转磁场感应于定子的电动势 E_{2s} 必与感应于转子调节绕组而出现于两电刷间的附加电势 E_k 同频率、同相位（对图中所取正方向而言）。E_{2s} 的频率为转差频率 $(f_2 = sf_1)$，这与通常的异步电动机副边频率一样。E_k 的频率也为转差频率 f_2，这是因为电刷端引出的附加电势的频率等于每秒从电刷上经过的磁极对数，它仅决定于旋转磁场对电刷的相对转速，而旋转磁场对调节的副绕组和固定电刷的相对转速都是一样的，均为 $(n_1 - n_2)$，所以，由电刷引出的附加电势与副绕组中的电势有相同的转差频率，即 $f_2 = sf_1$。E_k 的大小，不仅与旋转磁场对调节绕组的相对转速大小有关，而且还决定于两电刷间调节绕组的情况，即改变调节绕组的数目即可调节附加电势的大小。在图2-26（b）所示接线情况下，定子绕组回路的总电动势 $E_2 = E_{2s} - E_k$。由于 E_k 与 E_{2s} 是同频率、同相位，所以 $E_2 = E_{2s} - E_k$。相对于图2-17（a）情况来说，E_2 变小了，定子电流 I_2 也随之减小，结果使电动机的电磁转矩 T 变小（小于负载转矩），从而转速 n_2 下降。随着 n_2 下降，转差率 S 变大，E_{2s} 变大，随之 I_2 变大，电磁转矩也随着变大，到电磁转矩与负载转矩平衡为止，转速停止下降，电机在某一较低的转速下运行。由上面分析可见，改变电刷张开角度 2β，则 E_k 随着变化，直到带动电机转速的改变。若要把转速从 n_{20} 调高，则只要把每相两电刷交叉角度张开，如图2-26（c）所示。这时定子绕组回路的总电势 $E_2 = E_{2s} + E_k$ 变大，I_2 随着变大，使电磁转矩增加，则电磁转矩大于负载转矩使转速 n_2 上升。随着 n_2 上升，转差率变小，E_{2s} 变小，又使 I_2 减小，T 也变小，直到 n_2 上升到某一数值时，使电磁转矩与负载转矩平衡为止，电动机将在较高速度下运行。β 越大，E_k 越大，转速越高。当 $n_2 = n_1$ 时，$S = 0$，$E_{2s} = 0$，这时定子电流全由 E_k 产生，电磁转矩依然存在，电机能以同步转速 n_1 稳定运行。如果此时 β 继续增大，则 E_k 变得更大，$n_2 > n_1$，转差率为负值，E_{2s} 反相，定子回路总电势 $E_2 = E_k - E_{2s}$，仍能使 I_2 和 T 恢复到与负载转矩平衡时为止，电机将在 $n_2 > n_1$ 的情况下运行。

由上分析可见，我们只要适当调节电刷在换向器上的位置，便可实现从低于同步转速到高于同步转速范围内平滑而经济地调速。

2．整流子式电动机的启动与调速

所有整流子式电动机都可以直接启动，但最低速度的电刷位置启动时，不仅启动电流小，启动转矩较大，而且换向器的火花也是最小，有利于电动机的维护。所以在使用时，应尽可能在最低速度位置启动。

如果电动机的负载较重，致使电动机不能在最低转速处直接启动时，可在接通主电源后，迅速把调速手轮向"快"的方向稍移过些后，再设法闭合低速行程开关 XC1 以直接启动（XC1 为低速联锁行程开关，用来保证电动机在低转速时启动）。但移动距离应不超过自最低速度处到最高转速处的 1/6～1/5 距离。

整流子式电动机有两种调速办法：一种是手动调速，一种是遥控调速。手动调速即利用调速手轮，调速手轮有两种，一种是新式的，一种是老式的，如图 2-27 所示，在装有新式调速装置的整流子式电动机中，如要进行遥控调速，需先把离合器向内旋紧，使它的凸块跨放在手轮端面上（不能放在手轮端面的槽内），便可按照要求按下遥控装置的"加速"或"减速"按钮，获得所需速度；遥控调速，即利用遥控装置的"加速"或"减速"按钮、整流子电机本身的调速电机（伺速电动机）和一套继电-接触器控制线路，来控制整流子式电动机的转速。在需要手动调时，需把离合器向外旋松，使它的凸块沿恰好放进手轮端面的凹沿内，然后按照"快"、"慢"方向转动手轮进行调速。

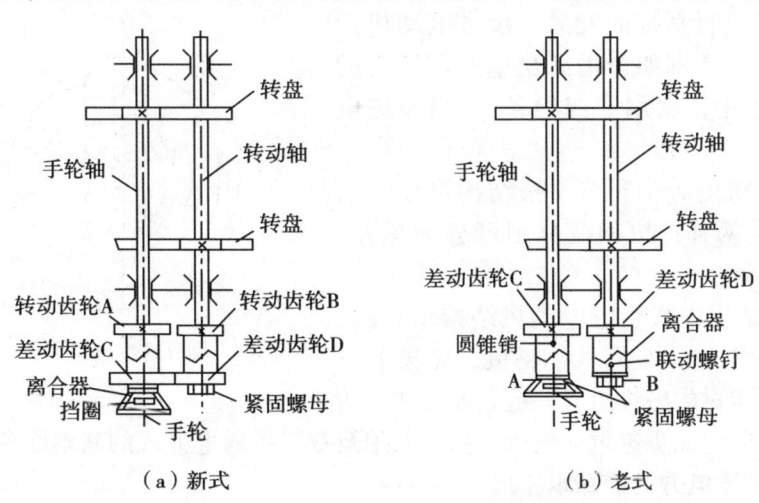

图 2-27 调速手轮

对于老式调速装置，如要手动调速，需把手轮向外拉出，然后按照"快"或"慢"

的方向转动手轮，以得到所需速度。在每次手动调速后，需把手轮向内推进，以便随时准备遥控调速。

在整流子式电动机的电刷转盘上，在相当于最高转速和最低转速的电刷位置处，装有限位器，以使电刷转盘只能在规定的速度范围内移动。在有遥控装置的电动机上，装有两个限位开关，一个在最低速度下启动，又能在停车后自动回到最低转速位置处，并切断"减速"电磁开关；另一个限位开关在最高转速位置下开始动作，起着限制最高转速的作用。

第三节　印刷设备中常用的特种电动机

随着生产过程机械化、电气化和自动化的不断发展，出现了各种类型的特种电动机。这些电动机的工作原理，一般与普通的异步电动机和直流电动机的基本原理近似，但是它们在性能、结构、生产工艺上各有其特殊性，多用于自动控制过程中。一般来说，这些电动机的功率不大，小的只有几分之一瓦，大的也不过几十瓦或几百瓦，属于微型电动机的范围。

一、步进电动机

一般电动机都是连续旋转，而步进电动机却是一步一步转动的，故叫步进电动机。每输入一个冲信号，该电动机就转过一定的角度（有的步进电动机可以直接输出线位移，称为直线电动机）。因此步进电动机是一种把脉冲变为角度位移（或直线位移）的执行元件。

步进电动机的转子为多极分布，定子上嵌有多相星形连接的控制绕组，由专门电源输入电脉冲信号，每输入一个脉冲信号，步进电动机的转子就前进一步。由于输入的是脉冲信号，输出的角位移是断续的，所以又称为脉冲电动机。

随着数字控制系统的发展，步进电动机的应用将逐渐扩大。例如德国海德堡胶印机上的CPCI控制装置中，就用了四组各36只步进电动机。

步进电动机的种类很多，按结构可分为反应式和激励式两种；按相数分则可分为单相、两相和多相三种。

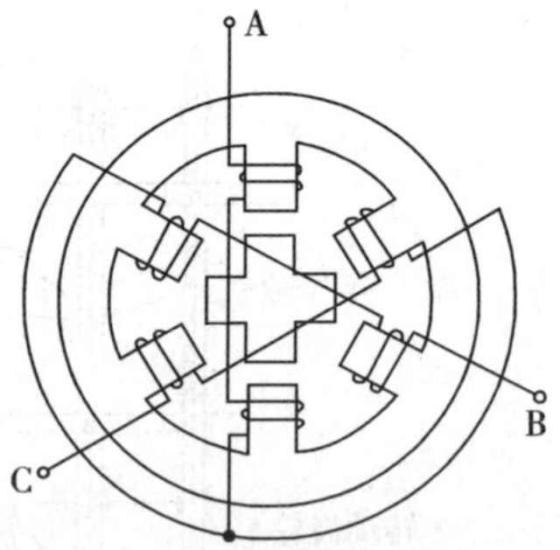

图2-28是反应式步进电动机结构示意图，它的定子具有均匀分布的六个磁极，磁极上绕有绕组。两个相对的磁极组成一组，连法如图所示。

图2-28　反应式步进电动机的结构示意图

下面介绍反应式步进电动机单三拍、六拍及双三拍通电方式的基本原理。

1. 单三拍通电方式的基本原理

设A相首先通电（B、C两相不通电），产生A-A'轴线方向的磁通，并通过转子形成闭合回路。这时A、A'极就成为电磁铁的N、S极。在磁场的作用下，转子总是力图转到磁阻最小的位置，也就是要转到转子的齿对齐A、A'极的位置［图2-29（a）］；

接着B相通电（A、C两相不通电），转子便顺时针方向转过30°，它的齿和C、C′极对齐［图2-29（c）］。不难理解，当脉冲信号一个一个发来时，如果按A→C→B→A→…的顺序通电，则电机转子便逆时针方向转动。这种通电方式称为单三拍方式。

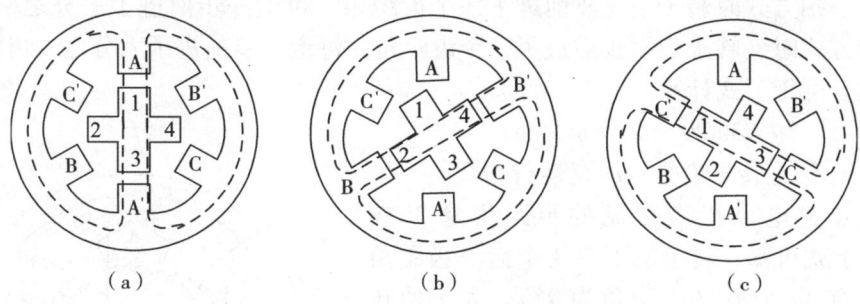

图2-29 单三拍通电方式时转子的位置

2. 六拍通电方式的基本原理

设A相首先通电，转子齿与定子A、A′对齐［图2-30（a）］，然后在A相继续通电的情况下接通B相。这时定子B、B′极对转子齿2、4产生磁拉力，使转子顺时针方向转动，但是A、A′极继续拉住齿1、3，因此，转子转到两个磁拉力平衡为止。这时转子的位置如图2-30（b）所示，即转子从图2-30（a）位置顺时针转过了15°。接着A相断电，B相继续通电。这时转子齿2、4和定子B、B′极对齐［图2-30（c）］，转子从图2-30（b）的位置又转过了15°，其位置如图2-30（d）所示。这样，如果按A→A、B→B→B、C→C→C、A→A…的顺序轮流通电，则转子便顺时针方向一步一步地转动，步距角15°。电流换接六次，磁场旋转一周，转子前进了一个齿距角。如果按A→A、C→C→C、B→B→B、A→A…的顺序通电，则电机转子逆时针方向转动。这种通电方式称为六拍方式。

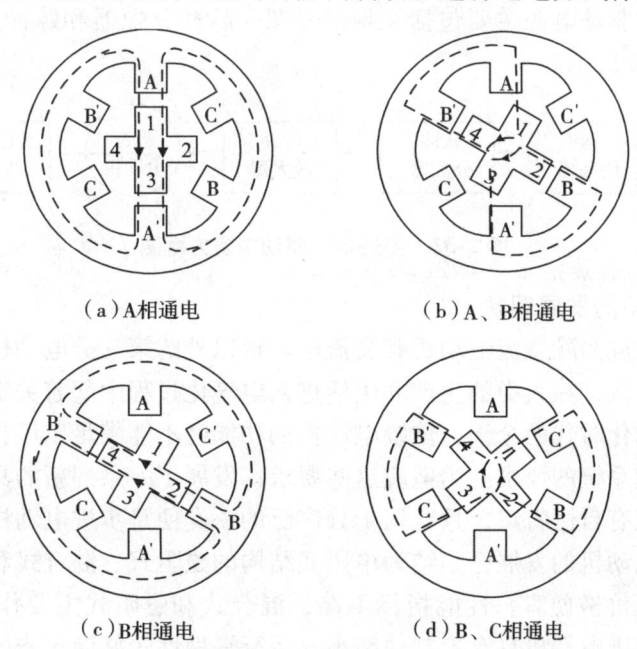

（a）A相通电　　　　　（b）A、B相通电

（c）B相通电　　　　　（d）B、C相通电

图2-30 六拍通电时转子位置

3. 双三拍通电方式的基本原理

如果每次都是两相通电，即按 A、B→B、C→C、A→A、B→…的顺序通电，则称为双三拍方式，从图 2-30（b）和图 2-30（d）可见，步距角也是 30°。因此，采用单三拍和双三拍方式时转子走三步前进了一个齿距角，每走一步前进了三分之一齿距角；采用六拍方式时，转子走六步前进了一个齿距角，每走一步前进了六分之一齿距角。因此步距角 θ 可用下式计算：

$$\theta = 360°/(Zr \times m)$$

式中，Zr 是转子齿数；m 是运行拍数。

一般步进电动机最常见的步距角是 3°或 1.5°。由上式可知，转子上不只 4 个齿（齿距角 90°），而有 40 个齿（齿距角为 9°）。为了使转子齿与定子齿对齐，两者的齿宽和齿距必须相等。因此，定子上除了 6 个极以外，在每个极面上还有 5 个和转子齿一样的小齿。步进电动机的结构图如图 2-31 所示。

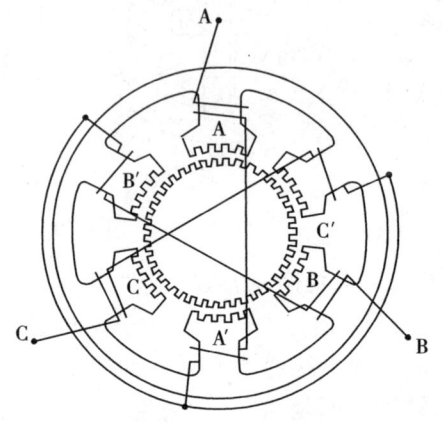

图 2-31 三相反应式步进电动机的结构图

由上面介绍可知，步进电动机具有结构简单、维护方便、精确度高、启动灵敏、停车准确等性能。此外，步进电动机的转速决定于电脉冲频率，并与频率同步。

4. 步进电动机的驱动电源

步进电动机的控制绕组中需要一系列的有一定规律的电脉冲信号，从而使电机按照生产要求运行。这个产生一系列有一定规律的电脉冲信号的电源称为驱动电源。

步进电动机的驱动电源主要包括变频信号源、脉冲分配器和脉冲放大器三个部分，其方框图如图 2-32 所示。

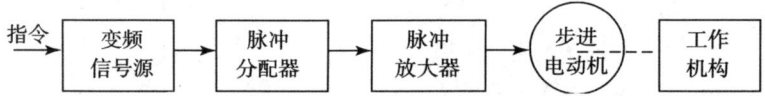

图 2-32 步进电机驱动电源方框图

5. 步进电动机的发展现状

步进电动机已成为除直流电动机和交流电动机以外的第三类电动机。传统电动机作为机电能量转换装置，在人类的生产和生活进入电气化过程中起着关键的作用。可是在人类社会进入自动化时代的今天，传统电动机的功能已不能满足工厂自动化和办公自动化等各种运动控制系统的要求。为适应这些要求，发展了一系列新的具备控制功能的电动机系统，其中较有自己特点，且应用十分广泛的一类便是步进电动机。

现在，步进电动机的发展已归结为单段式结构的磁阻式、混合式和爪极结构的永磁式三类。爪极电机价格便宜，性能指标不高，混合式和磁阻式主要作为高分辨率电动机，由于混合式步进电动机具有控制功率小，运行平稳性较好而逐步处于主导地位。最典型的产品是二相 8 极 50 齿的电动机，步距角 1.8°/0.9°（全步/半步）；还有五相 10

极 50 齿和一些转子 100 齿的二相和五相步进电动机，五相电动机主要用于运行性能较高的场合。到目前，工业发达国家的磁阻式步进电动机已极少见。

步进电动机最大的生产国是日本，如日本伺服公司、东方公司、SANYO DENKI 和 MINEBEA 及 NPM 公司等，特别是日本东方公司，无论是电动机性能和外观质量，还是生产手段，都堪称是世界上最好的。现在日本步进电动机年产量（含国外独资公司）近 2 亿台。

德国也是世界上步进电动机生产大国。德国 B. L. 公司 1994 年五相混合式步进电动机专利期满后，推出了新的三相混合式步进电动机系列，为定子 6 极转子 50 齿结构，配套电流型驱动器，每转步数为 200、400、1000、2000、4000、10000 和 20000，它具有通常的二相和五相步进电动机的分辨率，还可以在此基础上再进行细分，分辨率提高 10 倍，这是一种很好的方案，充分运用了电流型驱动技术的功能，让三相电动机同时具有二相和五相电动机的性能。

二、伺服电动机

伺服电动机又称执行电动机，在自动控制系统中，用作执行元件，把所收到的电信号转换成电动机轴上的角位移或角速度输出。分为直流和交流伺服电动机两大类，其主要特点是，当信号电压为零时无自转现象，转速随着转矩的增加而匀速下降，伺服电机内部的转子是永磁铁，驱动器控制的 U/V/W 三相电形成电磁场，转子在此磁场的作用下转动，同时电机自带的编码器反馈信号给驱动器，驱动器根据反馈值与目标值进行比较，调整转子转动的角度。伺服电机的精度决定于编码器的精度（线数）。

1. 交流伺服电动机

交流伺服电动机的基本结构和原理与电容式单相交流异步电动机类似。在它的定子铁芯上嵌放着空间互差 90°的两个绕组，即励磁绕组和控制绕组。当励磁绕组加上额定交流电压，控制绕组加上控制信号电压时，在气隙中产生旋转磁场，转子导体切割磁力线而产生感应电流以及电磁力，这个电磁力对转轴形成一个转矩就是电磁转矩，推动转子转动起来。改变控制电压的大小，就可以控制电动机的启动、停止及转动的快慢，改变控制电压的极性，就可以改变电动机的旋转方向了（图 2-33）。

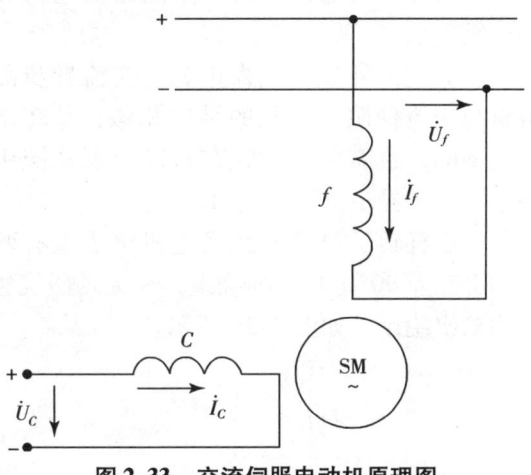

图 2-33　交流伺服电动机原理图

2. 直流伺服电动机的工作原理

直流伺服电动机工作原理和普通直流电动机相同。当磁极有磁通，绕组中有电流流过时，电枢电流与磁通作用产生转矩，伺服电动机就动作（图 2-34）。

三、测速发电机

测速发电机是一种测量转速的微型发电机，它把输入的机械转速变换为电压信号输出，并要求输出的电压信号与转速成正比。测速发电机分直流测速发电机和交流测速发电机两大类。

1. 直流测速发电机

直流测速发电机实际就是一种微型直流发电机，按定子磁极的励磁方式分为电磁式和永磁式。直流测速发电机的工作原理与一般直流发电机相同，如图 2-35 所示。在恒定的磁场 Φ_0 中，外部的机械转轴带动电枢以转速 n 旋转，电枢绕组切割磁场从而在电刷间产生感应电动势。

在空载时，直流测速发电机的输出电压就是电枢感应电动势；输出电压与转速成正比。

有负载时，直流测速发电机的输出电压与转速成线性关系。

2. 交流测速发电机

交流测速发电机分为同步测速发电机和异步测速发电机。

（1）交流异步测速发电机。交流异步测速发电机与交流伺服电动机的结构相似，其转子结构有笼型的，也有杯型的，在自动控制系统中多用空心杯转子异步测速发电机。

空心杯转子异步测速发电机定子上有两个在空间上互差 90°电角度的绕组，一为励磁绕组，另一为输出绕组，如图 2-36 所示。

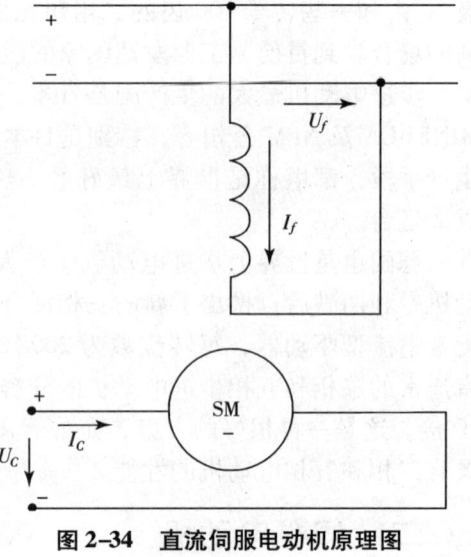

图 2-34　直流伺服电动机原理图

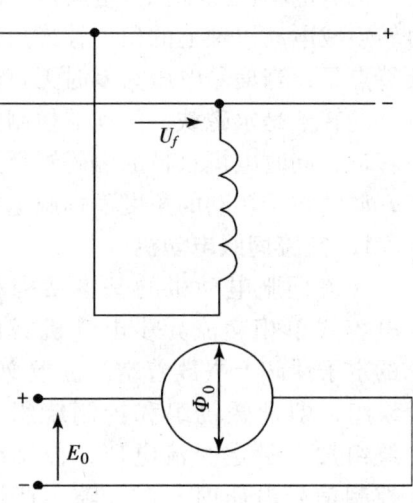

图 2-35　直流测速发电机的工作原理

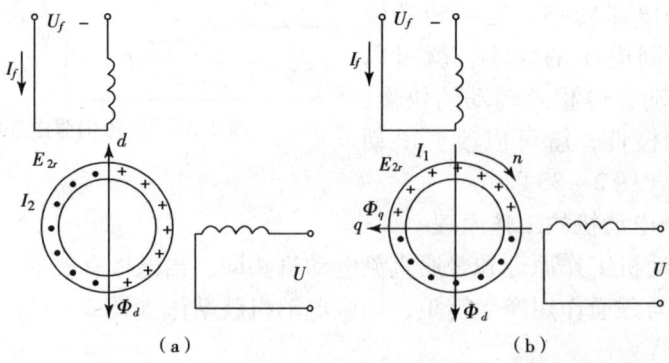

图 2-36　空心杯转子异步测速发电机原理图

输出绕组感应产生的电势 E 实际就是交流异步测速发电机输出的空载电压 U, 其大小正比于转速 N, 其频率为励磁电源的频率 f。

(2) 交流同步测速发电机。交流同步测速发电机又分为永磁式、感应子式和脉冲式三种。永磁式同步测速发电机实际就是永磁转子同步发电机, 定子绕组感应的交变电势基本与转速成正比。而感应子式和脉冲式同步测速发电机工作原理是一致的: 转子转动时, 定子、转子齿槽位置相对变化, 从而产生脉动的磁场与输出绕组交连, 从而产生感应电动势。

同步测速发电机输出的三相电压经桥式整流、滤波后变换为直流输出电压, 作为自动控制系统中的速度反馈信号, 相当于一台性能良好的直流测速发电机。

第三章 印刷设备中的基本控制电路

本章学习目标：

1．学习印刷设备中的基本控制电路，加深理解低压电器和电动机在电器控制系统中的应用。

2．掌握电路图的分析方法，从而为下一单元电路图的分析打好基础。

本节应重点掌握的术语：

点动　连动　自锁　互锁　行程控制电路　电流控制电路　降压启动　反接　接动　能耗制动

【任务】

1．学习印刷基本控制电路的读图方法。

2．掌握电动机的基本控制电路图。

3．理解电动机启动与制动的方法和原理。

第一节　电器设备图样的分类

印刷机电路控制线路主要由各种电器元件（如接触器、继电器、电阻器、开关）和电动机等用电设备组成。电气设备图样有三类。

1. 电气原理图

电气原理图表示电气控制线路的工作原理以及各电器原件的作用和相互关系，而不考虑各电路元件实际安装的位置和实际连线情况。一般主电路图在左侧，控制电路在右侧；线圈和触点不在一起，但都用同一文字符号标明；电气控制线路的全部触点都按平常状态。"平常"状态对接触器、继电器等是指线圈未通电时的触点状态，对按钮和开关等是反映没有受到外力时的触点位置，对主令控制器是指手柄置于"零位"时的各触点位置。如图3-1所示：左侧为主电路，右侧为控制电路。

2. 电气设备安装图

表示各种电气设备在机床机械设备和电气控制柜的实际安装位置。各电气元件的安装位置是由机床的结构和工作要求决定的，如电动机要和被拖动的机械部件在一起，行程开关应放在要取得信号的地方,操作元件放在操作方便的地方,一般电气元件应放在控制柜中。

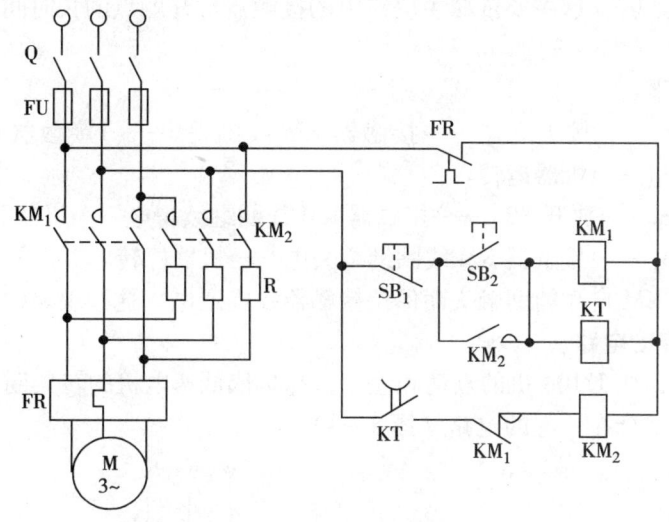

图 3-1 主电路与控制电路

3. 电气设备接线图

表示各电气设备之间实际接线情况。绘制接线图时应把各电气元件的各个部分(如触点与线圈)画在一起,文字符号、元件连接顺序、线路号码编制都必须与电气原理图一致。电气设备安装图和接线图是用于安装接线、检查维修和施工用的。

第二节 电动机的基本控制电路

一、点动、连动电路

1. 电动机的点动电路

印刷机常需要试车与装版、擦橡皮等,此时就需要"点动",按下按钮电动机转动,带动印刷机的有关部件运动,放开按钮后电动机停转,这些部件就停止转动。图3-2就是实现点动的电动机控制环节。

工作过程如下:

合上开关 QS ——→按下 SB_1 ——→接触器 KM 线圈得电——→接触器按钮 KM 自动吸合——→电动机得电——→机器运转。

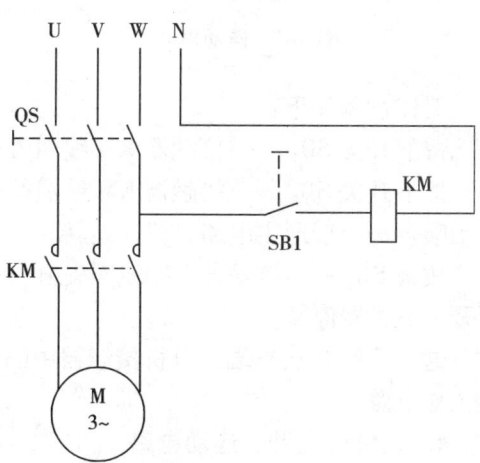

图 3-2 点动电路

在上述动作完成之后,放开 SB_1 ——→接触器 KM 线圈失电——→接触器按钮 KM 自动断开——→电动机失电——→机器停转。

2. 连动电路

单单依靠点动完成的工作是有限的，印刷机的慢车，或运转，合压，供水供墨，需要电动机的连续运转，这主要依靠主电路中的接触器常开触点的长时间闭合，即接触器长时间得电完成（图 3-3）。

工作过程如下：

合上开关 QS ── 按下 SB_2 ── 接触器 KM 线圈得电 ── 接触器开关 KM 自动吸合 ── 电动机得电 ── 机器运转。

合上开关 QS ── 放开 SB_2 ── 接触器 KM 线圈继续得电 ── 机器照常运转。

按下开关 SB_1 ── 接触器 KM 线圈继续失电 ── 机器停转。

接触器线圈 KM 自身辅助触头而保持接触器线圈通电，这种现象称为自锁。

3. 点动、连动电路

在印刷机中，如 J2108 机的点动和慢车，都是依低速电机的转共同实现的，下面就是将连动和点动结合在一起的电路（图 3-4）。

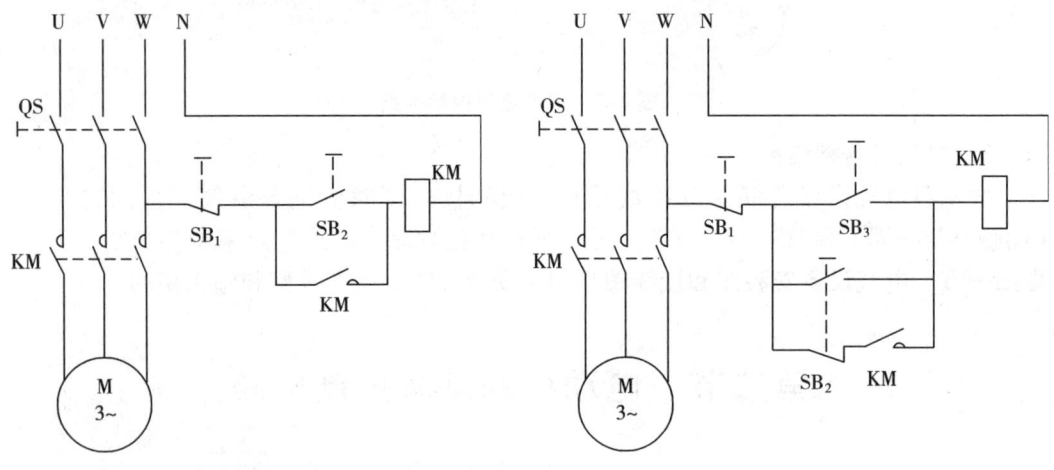

图 3-3　连动电路　　　　　　图 3-4　点动、连动电路

工作过程如下：

按下开关 SB_1 ── 接触器 KM 线圈失电 ── 机器停转。

按下开关 SB_2 ── 接触器 KM 线圈得电 ── 主电路与控制电路中的接触器开关 KM 自动吸合 ── 接通主电路，机器运转。

放开 SB_2 ── 接触器 KM 线圈失电 ── 主电路与控制电路中的接触器开关 KM 自动断开 ── 机器停转。

这个电路存在弊端，分析接触器中的电磁铁的磁滞现象。从而引出改进的点动-连续工作电路。

4. 改进的点动、连动电路

在下面的电路中，运用继电器控制接触器的得电与否，从而控制电动机的运转与停转。J2108 机的慢车和点动电路就是这样实现的（图 3-5）。

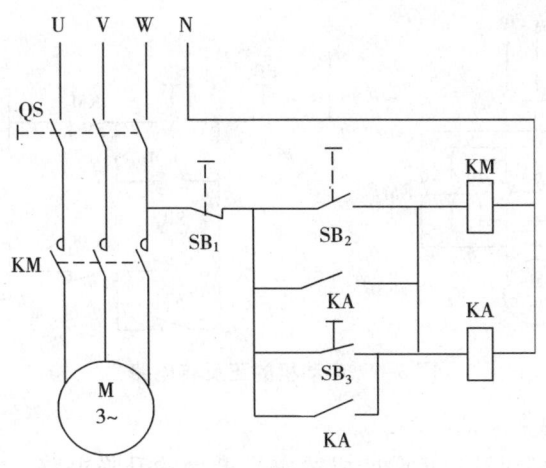

图 3-5　改进的点动、连动电路

工作过程如下：

合上开关 QS ——按下 SB_2 ——接触器 KM 线圈得电——主电路中的接触器开关 KM 自动吸合——电动机得电——机器运转。

放开 SB_2 ——接触器 KM 线圈失电——主电路中的接触器开关 KM 自动断开——电动机失电——机器停转。

按下 SB_3 ——继电器 KA 线圈得电——控制电路的开关 KA 自动吸合——接触器 KM 线圈得电——电动机得电——机器运转。

放开 SB_3 ——继电器 KA 线圈继续得电——接触器 KM 线圈得电——电动机得电——机器运转。

所以 SB_3 是连续运转按钮。

按下 SB_1 ——KM 线圈失电——主电路中的接触器触点自动断开——机器停转。

二、电动机的正反转

要求控制线路能对电动机进行正、反转控制是生产机械的普遍需要。因大多数机械装置的主要进给运动都需要两个方向运行，故要求电动机能够正反转。只要把电动机定子的三相绕组任意两相调换一下接到电源上去，电动机的定子相序即可改变，电动机就可改变方向了。

如果我们用两个接触器 KM_1 和 KM_2 来完成电动机定子绕组相序的改变，那么由正转与反转启动线路组合起来就成了正反转控制线路。

图 3-6 为异步电动机的的正反转控制线路。如果 KM_1 与 KM_2 同时通电动作，就会造成主回路短路。把接触器的动断（常闭）触点互相串联在对方的控制回路进行联锁控制。"联锁"又称为"互锁"。

三、行程控制电路

根据运动部件的行程位置，由行程开关自动换接控制线路，这种电路称为行程控制电路，行程控制的主要电器元件是行程开关。行程开关又称限位开关，其开关动作是由

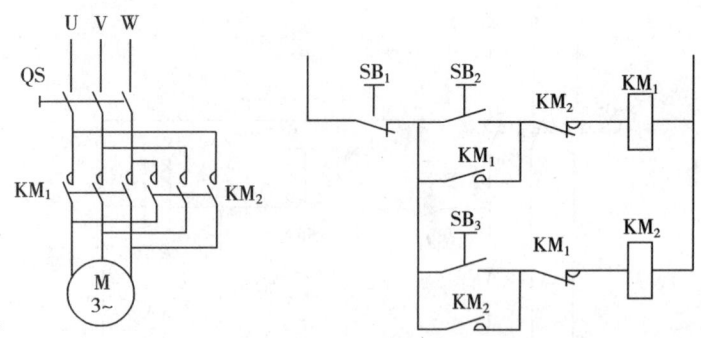

图 3-6 电动机的正反转电路

装在运动部件上的挡块来撞动的。

图 3-7 是 J2108A 型对开单色胶印机的主收纸台的升降电路,它的主收纸台升降控制电路。其中,SQ_1、SQ_2、SQ_3 和 SQ_4 是行程开关(限位开关),主收纸台升降电动机 6M 为三相异步电动机,正转时带动主收纸台上升,反转时带动主收纸台下降。交流接触器 $6KM_Z$ 得电,串接在 6M 电机主回路的常开触点 $6KM_Z$ 吸合,电动机 6M 正转,主收纸台上升。当主台上到一定高度时,将行程开关 SQ_3 触压(SQ_3 安装在一定高度处),线圈 $6KM_Z$ 断电,6M 停止正转,主台便停止上升。

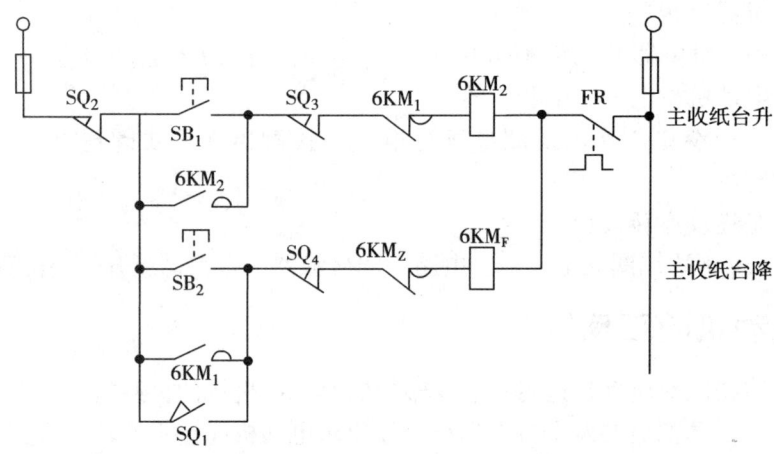

图 3-7 J2108A 型对开单色胶印机的主收纸台升降控制电路

控制方法为:按下主台降按钮 SB_2,交流接触器 $6KM_F$ 通电,电动机 6M 反转,收纸台下降。当主台下降到限定位置时,将行程开关 SQ_4 触压时,主台可自动停止下降。在齐纸板上装有微动的行程开关 SQ_1,当主收纸台上的纸堆增高到一定程度时,纸堆侧垂面将 SQ_1 触压,SQ_1 的常开触点复位,$6KM_F$ 失电,电动机 6M 停止反转,此时主收纸台便完成了一次自动的微量下降。若纸堆再次增高,电路将重复进行上述动作。对主收纸台进行手动升降时,可打开电机 6M 尾端的小盖,这时,行程开关 SQ_2 被触压,将常闭触头断开,切断电动升降电路。以保证手动升降操作的安全。此时,插入手柄摇动即可使主收纸台上升或下降。

四、电流控制电路

由电路中通过电流继电器电流的大小来自动换接电路的方式称为电流控制。该电路称为电流控制电路。

图 3-8 为直流电动机的过流保护控制电路。直流电动机的过电流保护的控制电路,过电流继电器 KA 的线圈串在电动机的电枢绕组回路,其常闭触点串入启动电路中。当电动机电流超过 KA 的电流整定值时,过流继电器 KA 的触点释放,使接触器 KM_1 失电,KM_1 常开触点复位,电动机断电而得到保护。图中 T 为电动机的励磁线圈,KM_2 为另一接触器的触点,它能切换启动电阻 R_Q。

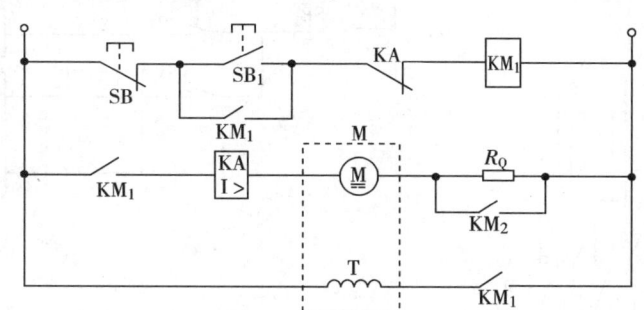

图 3-8　直流电动机的过流保护控制电路

电流控制电路常用于过流保护或欠流保护,一般印刷设备都采用了这种控制方式。

第三节　电动机的启动与制动

印刷机械中常用的控制电路主要包括电动机的启动制动、反向和调速电路等。而任何复杂的控制电路,都是由一些简单的环节有机组合而成。本节主要介绍继电接触控制线路的基本环节和一些新的控制方法,这些新的控制方法与继电接触控制相配合,可大大提高印刷机械自动化的控制程度。

一、电动机的降压启动电路

容量较大的鼠笼异步电动机(大于 10kW)因启动电流很大,所以一般都要采用降压启动的方式来启动。启动时降低加在电动机定子绕组上的电压,启动后再将电压恢复到额定值,使之在额定电压下运行。因为电枢电流和电压成正比,所以降低电压可以减小启动电流,不致在电路中产生过大的电压下降,以减小对线路电压的影响。

常用的降压启动方法有定子电路串电阻启动、Y-△降压启动、自耦变压器和延边三角形启动等。自耦变压器降压启动方法适用于启动较大容量的电动机,延边三角形启动较为复杂,应用不多。这里重点介绍串电阻启动和 Y-△降压启动。

1. 定子串电阻启动电路

在电动机启动过程中,常在三相定子电路中串接电阻(或电抗)来降低定子绕组上的电压,使电动机在降低了的电压下启动,以达到限制启动电流的目的。一旦电动机转速接近额定值时，切除串联电阻（或电抗），使电动机进入全电压正常运行。这种线路的设计思想，通常都是采用时间原则按时切除启动时串入的电阻（或电抗）以完成启动过程。在具体线路中可采用人工手动控制或时间继电器自动控制来加以实现。

图3-9是定子串电阻降压启动控制线路。电动机启动时在三相定子电路中串接电阻，使电动机定子绕组电压降低，启动后再将电阻短路，电动机仍然在正常电压下运行。这种启动方式由于不受电动机接线形式的限制，设备简单，因而在中小型机床中也有应用。同时，机床中也常用这种串接电阻的方法限制点动调整时的启动电流。

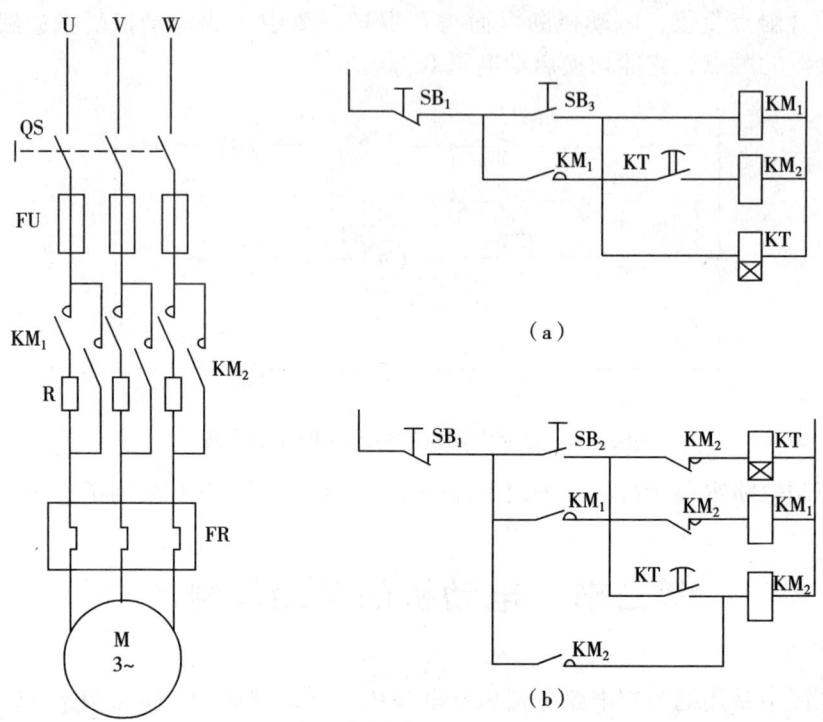

图3-9 定子串电阻降压启动控制线路

图3-9（b）控制线路的工作过程如下：按 SB_2，KM_1 得电（电动机串电阻启动），KT 得电（延时），KM_2 得电（短接电阻，电动机正常运行）。

按 SB_1，KM_2 断电，其主触点断开，电动机停车。

只要 KM_2 得电就能使电动机正常运行。但线路图图3-9（a）在电动机启动后 KM_1 与 KT 一直得电动作，这是不必要的。线路图3-9（b）就解决了这个问题，接触器 KM_2 得电后，其动断触点将 KM_1 及 KT 断电，KM_2 自锁。这样，在电动机启动后，只要 KM_2 得电，电动机便能正常运行。

串电阻启动的优点是控制线路结构简单，成本低，动作可靠，提高了功率因数，有利于保证电网质量。但是，由于定子串电阻降压启动，启动电流随定子电压成正比下降，而启动转矩则按电压下降比例的平方倍数下降。同时，每次启动都要消耗大量的电能。因此，三相鼠笼式异步电动机采用电阻降压的启动方法，仅适用于要求启动平稳的中小容量电动机以及启动不频繁的场合。大容量电动机多采用串电抗降压启动。

2. Y-△降压启动电路

正常运行接成三角形的鼠笼式异步电动机,可采用 Y-△降压启动方法来达到限定启动电流的目的。

按时间原则控制启动过程。在启动时将电动机定子绕组接成星形,每相绕组承受的电压为电源的相电压(220V),减小了启动电流对电网的影响。而在其启动后期则按预先整定的时间换接成三角形接法,每相绕组承受的电压为电源的线电压(380V),电动机进入正常运行。凡是正常运行时定子绕组接成三角形的鼠笼式异步电动机,均可采用这种线路。图 3-10 就是典型的星形启动三角形运行电路,其工作原理如下:按下启动按钮 SB_2,接触器 KM_1 线圈得电,电动机 M 接入电源。同时,时间继电器 KT 及接触器 KM_2 线圈得电。

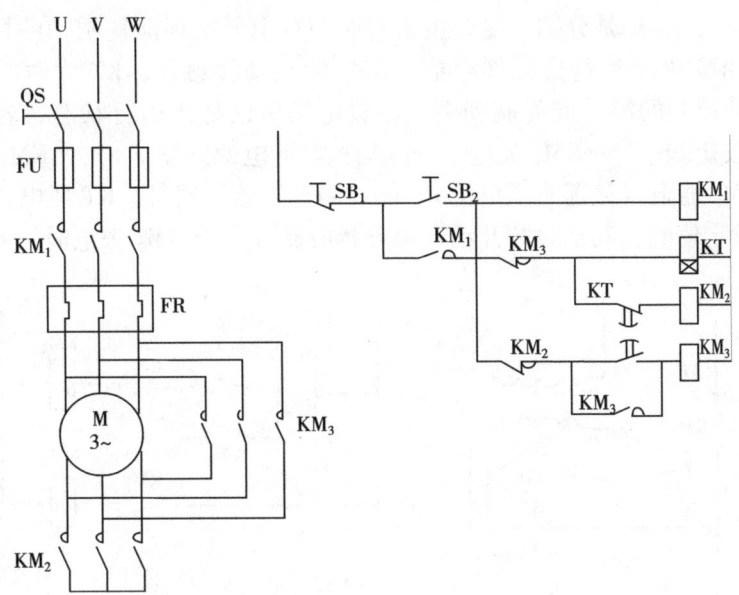

图 3-10 星形启动三角形运行电路

工作原理如下:

按下启动按钮 SB_2,接触器 KM_1 线圈得电,电动机 M 接入电源。同时,时间继电器 KT 及接触器 KM_2 线圈得电。

接触器 KM_2 线圈得电,其常开主触点闭合,电动机 M 定子绕组在星形连接下运行。KM_2 的常闭辅助触点断开,保证了接触器 KM_3 不得电。

时间继电器 KT 的常开触点延时闭合;常闭触点延时继开,切断 KM_2 线圈电源,其主触点断开而常闭辅助触点闭合。

接触器 KM_3 线圈得电,其主触点闭合,使电动机 M 由星形启动切换为三角形运行。

停车:按 SB_1 辅助电路断电,各接触器释放,电动机断电停车。

线路在 KM_2 与 KM_3 之间设有辅助触点联锁,防止它们同时动作造成短路;此外,线路转入三角接运行后,KM_3 的常闭触点分断,切除时间继电器 KT、接触器 KM_2,避免 KT、KM_2 线圈长时间运行而空耗电能,并延长其寿命。

三相鼠笼式异步电动机采用 Y-△降压启动的优点在于:定子绕组星形接法时,启动电压为直接采用三角形接法时的$1/\sqrt{3}$，启动电流为三角形接法时的$1/\sqrt{3}$，因而启动电流特性好，线路较简单，投资少。其缺点是启动转矩也相应下降为三角形接法的$1/\sqrt{3}$，转矩特性差。所以该线路适用于轻载或空载启动的场合。另外应注意，Y－△连接时要注意其旋转方向的一致性。

二、电动机的制动电路

1. 能耗制动

能耗制动是在三相异步电动机要停车时切除三相电源的同时，把定子绕组接通直流电源，在转速为零时再切除直流电源。能耗制动实质上是把转子原来储存的机械能，转变为电能，又消耗在转子的制动上。

图3-11（a）、（b）是分别用复合按钮与时间继电器实现能耗制动的控制线路。图中的整流装置由变压器和整流元件组成。KM_2为制动接触器，KT为时间继电器，图3-11是一种手动控制的简单能耗制动电路。设电动机已处于运行状态，若使电动机停止，按下停止按钮SB_1──→KM_1失电──→电动机断开电源。按下SB_1，KM_1断电（切断交流电源），KM_2通电（接通直流电源），能耗制动开始。同时，KT通电，当到达时间继电器KT的设定值时，其延时断开动合触点延时断开，当KM_2失电时，制动结束。

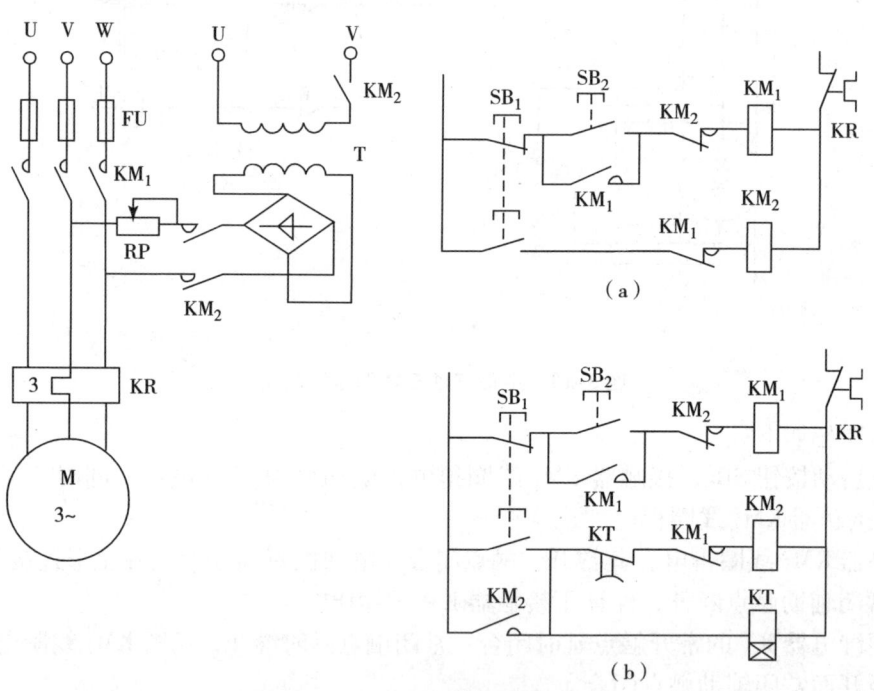

图3-11 能耗制动电路的工作原理

2. 反接制动

反接制动是利用改变电动机电源的相序，使定子绕组产生的旋转磁场与转子惯性方向相反，因而产生制动作用的一种制动方法。

（1）时间继电器控制的反接制动的控制线路。时间继电器的应用范围很广，在电路中起着控制时间的作用，如电动机的启动、制动等都是由时间继电器来自动完成，这种由时间继电器来控制电气的动作顺序,以完成操作任务的控制电路为时间控制电路。

时间继电器触点动作的原理如图3-12所示。

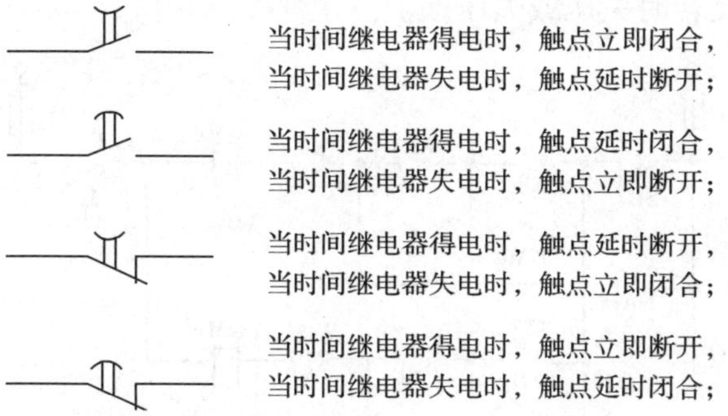

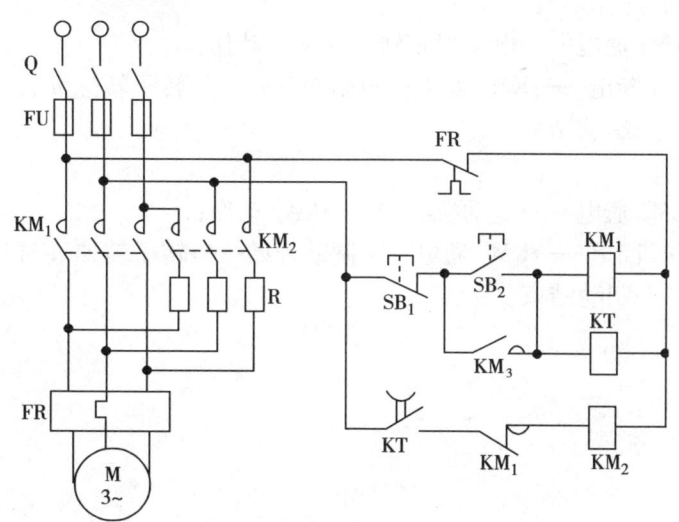

图3-12 时间继电器的触点动作原理

图3-13是用时间继电器控制的三相鼠笼式异步电动机反接制动的控线路。反接制动是利用改变电动机电源的相序,使定子绕组产生的旋转磁场与转子惯性方向相反,因而产生制动作用的一种制动方法。

图3-13 时间继电器控制的反接制动的控制线路

线路的动作顺序如下:

按SB_2,KM_1通电,电动机运行;KT通电,KM_2断电。

按SB_1,KM_1断电,KM_2通电,制动开始;KT断电,KM_2断电,制动结束。

(2)速度继电器控制的反接制动的控制线路。速度继电器的原理:由套有永久性磁铁的轴与被控制的电动机轴相连,直接接受电动机的速度信号,使速度继电器的外环(定子)旋转,带动触点动作来换接控制电路。当电动机转速为120~3000r/min的范围内,速度继电器的触点动作,当转速低于100r/min时,其触点就复位。

速度继电器常用于反接制动电路中,很多印刷机的主电机就是采用速度继电器进行反接制动的,如LP1101型全张单面凸版轮转印刷机的主电机2DZ是用速度继电器反接制动的。下面举例说明反接制动的控制方法。

图 3-14 为速度继电器控制的电动机可逆运行的反接制动控制线路。速度继电器 KA_Z 用于正转制动，KA_F 用于反转制动，交流接触器 KM_Z 用于电动机正转时失压或欠压保护，KM_F 用于反转时失压或欠压保护。

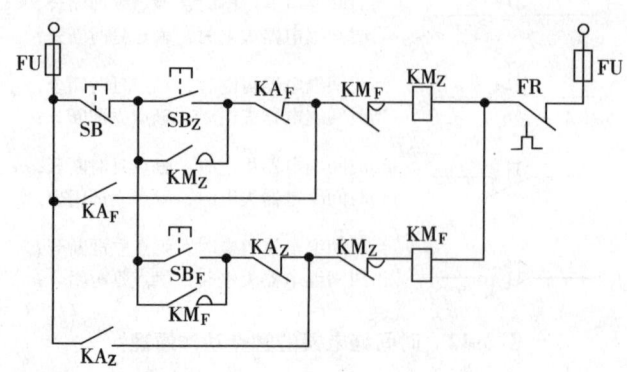

图 3-14 速度继电器控制的可逆运行的反接制动控制线路

线路的动作次序如下。

①正转和制动。

按 SB_Z ——→KM_Z 通电——→电动机正转——→KA_Z 动作；

按 SB ——→KM_Z 断电——→KM_F 通电——→制动开始——→转子转速 n 接近零时，KA_Z 复位——→KM_F 断电——→制动结束。

②反转和制动。

按 SB_F ——→KM_F 通电——→电动机反转——→KA_F 动作；

按 SB ——→KM_F 断电——→KM_Z 通电——→制动开始——→转子转速 n 接近零时，KA_F 复位——→KM_Z 断电——→制动结束。

第四章

印刷机电气控制

本章学习目标：
1. 掌握胶印自动生产控制的主要内容与基本控制方法。
2. 掌握国产印刷机自动控制的基本方法。
3. 掌握进口胶印机自动控制的基本方法。

本章应重点掌握的术语：

水墨控制　局部供墨　整体供墨　输纸收纸控制　温度控制　套准控制　海德堡CPC1、CPC2、CPC3、CPC4、CPC5、CP2000 等

【任务】
1. 掌握胶印机电气控制的基本内容，生产过程中能够进行调节。
2. 掌握国产、进口胶印机控制的基本内容和方法。

第一节　胶印生产自动控制的内容

胶印生产是利用水墨相斥原理进行印刷的（如图 4-1 所示）。印版图文先转印在橡皮滚筒上再由橡皮滚筒将图文转印到纸张，一般采用黏性油墨。

因而胶印机中必须有将油墨打匀的匀墨及串墨部分，同时需要润版液。

一、输墨装置的自动控制

输墨装置的主要作用是：将油墨打匀，符合印刷条件；在图文上涂一层薄而均匀的油墨；将从印版上带来的部分润版液蒸发；将版上外来颗粒拣起，保持系统清洁。

输墨装置自动控制的主要任务如下。

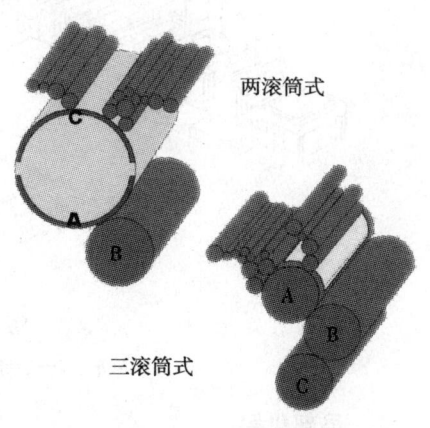

图 4-1　胶印原理图

1. 油墨自动供给

其主要目的是保证油墨在印刷中的自动供给。简单胶印机一般由手工操作上墨（用墨铲），自动化程度较高的印刷机有中央供墨系统自动控制墨斗自动加墨。如图4-2所示，即为海德堡单张纸胶印机的自动上墨系统。图4-3为曼罗兰轮转自动上墨系统。

图4-2 海德堡单张纸胶印机自动上墨系统

图4-3 曼罗兰轮转自动上墨系统

集中输墨系统主要由泵站、管路系统和加墨系统组成，如图4-4所示。泵站的作用是将墨从墨桶或墨罐泵出；管路墨量消耗计量系统的作用是利用高精度计量头计量墨量消耗；加墨系统主要是保证油墨的供给。

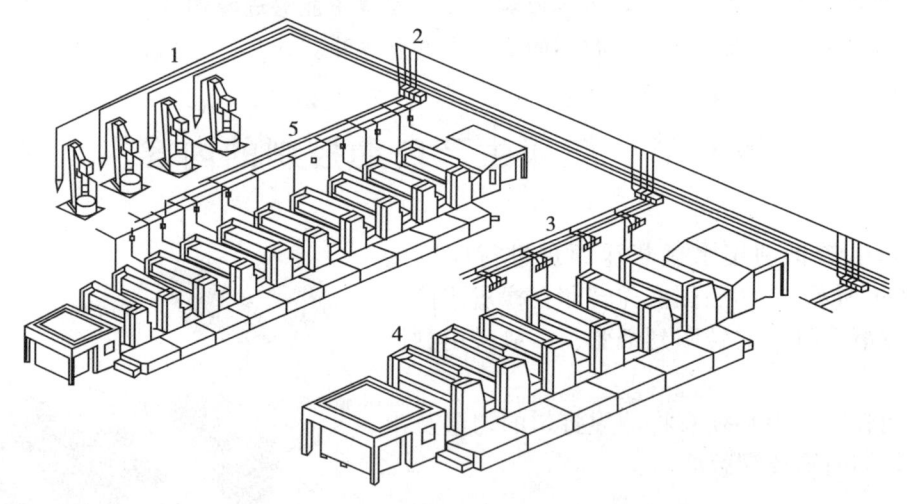

图4-4 集中输墨系统
1—泵站；2—管路系统；3,5—加墨系统；4—胶印机

2. 局部供墨

沿印版宽度方向将供墨分成许多小区域，目的是根据印版上不同的区域不同图像对油墨的不同需求，印版的不同区域应有不同的供墨量。每个小区的宽度在30～40mm之间，每个区域的出墨量与该区域内印版上印刷图像的面积成正比。

传统的分区墨量调节是通过每个墨区的调节旋钮手动进行的调节（图4-5）。

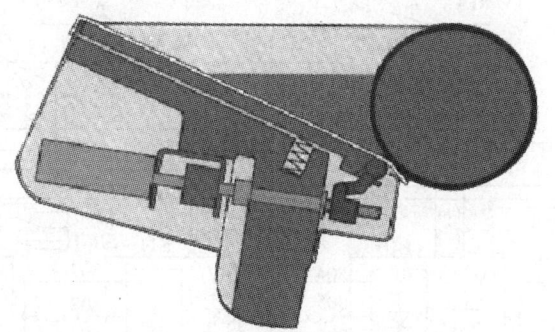

图4-5　手动调节墨区墨量

目前是采用每个墨区单独使用一个小驱动电机进行的。海德堡、曼罗兰、北人的四色印刷机都具有分区供墨自动控制装置。将供墨部分的整体墨量分割成许多独立的小墨量，分别由电机带动来改变墨斗与刀片之间的空隙大小。

3. 总体供墨

主要完成印刷过程中，印刷幅面宽度上印刷图像对油墨的需求。一般通过调整墨斗辊的转角和转速大小来进行调整。

墨斗辊的转动动力可以来自主电机或者由单独的伺服电机来驱动。

总体墨量的控制一方面要跟随主机速度变化改变供墨，另一方面可单独调节墨量的大小。当采用单独电机来驱动时，一般是通过调整墨斗辊的转动速度来实现墨斗辊出墨量大小的调整。

二、供水量控制

胶印实验证明，在油墨中含有10%~20%的水分时，不会影响印品质量，而当油墨中含水量为6%~12%时印品质量最好。油墨的乳化率为20%~30%，超过此值的影响会产生水分过大、花版、印品网点发空、墨辊脱墨、色彩无光、层次模糊、印迹干燥速度慢、机械伸长、套印不准等印刷故障。

自动控制的关键问题是使印品质量达到最佳效果的前提下把供水量控制在最小程度。为了得到好的平印效果，供给印版的水量是临界值，用于向印版供水的系统必须能够提供恒定的润版液控制以便减少问题，不精确的润版液流将引起色彩变化和纸张的损害。

现代胶印机多配有水量调节和控制部分。主要通过调节水辊转速，也可以采用控制喷水量大小实现水量控制。

下面以北人PZ4880为例，介绍通过调节水辊转速。

水量大小可以通过各色组的水量"＋""－"按钮根据需要进行单独控制，也可以通过收纸按钮箱的出水辊控制单元集中有选择地控制。控制的结果通过电压表进行监视。具体的控制电路如图4-6所示。

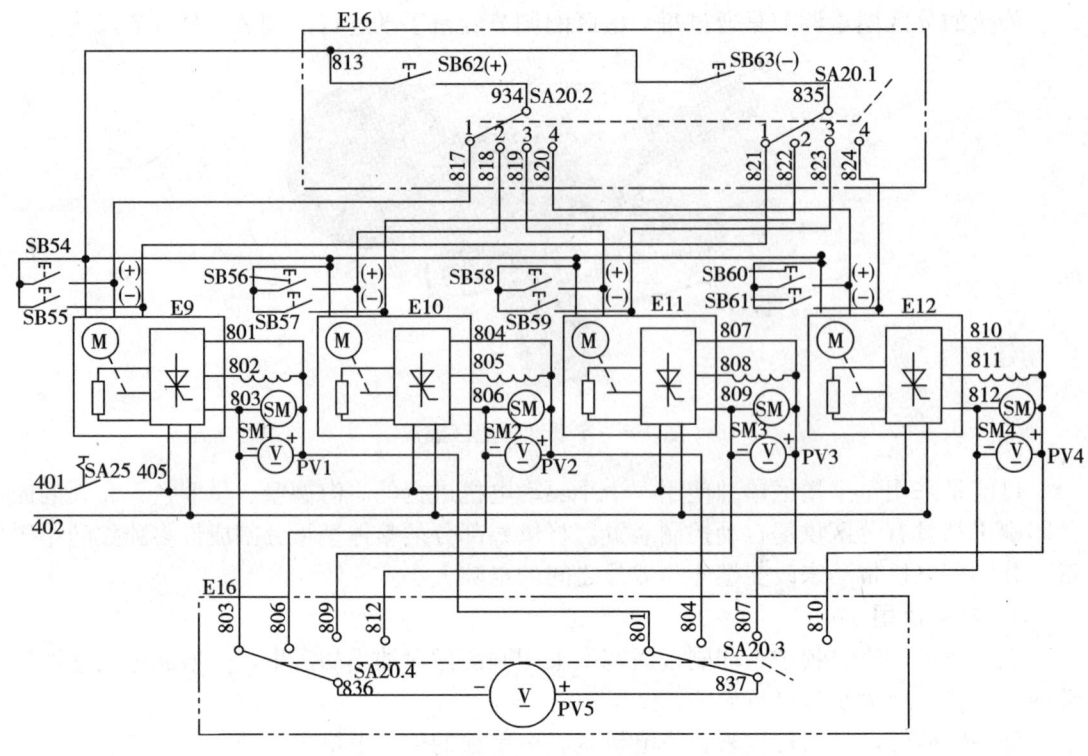

图 4-6 PZ4880-01 机供水量控制电路

由 SB54、SB55 向第一色组直流电机调速装置 E9，分别送增速（+）或减速（-）控制信号。晶闸管对直流电机的输出决定着 SM1 直流电机的转速。转速快，出水量大；转速慢，出水量小。与电机并联的直流电压表 PV1 可显示出水量的大小。

SB56 和 SB57 对第二色组出水量通过 E10 控制，直流电压表 PV2 显示第二色组的出水量。

SB58 和 SB59 对第三色组出水量通过 E11 控制，直流电压表 PV3 显示第三色组出水量。

SB60 和 SB61 对第四色组出水量通过 E12 控制，直流电压表 PV4 显示第四色组的出水量。

在收纸按钮箱上也可以集中对四个色组进行选择性的控制，其原理是：由 SB62（+）或 SB63（-）配合选择开关 SB20.1 和 SB20.2，对需要调整水量的色组进行调整。利用 SA20.3 和 SA20.4 通过直流电压表 PV5 分别显示各色组的出水量。

图 4-7 为采用控制喷水量大小实现水量控制。

三、温度控制

在印刷时，由于输墨部件需要对油墨辊压，打匀向外传送，在油墨被打匀撕裂的过程中，辊子需要克服油墨的内摩擦力而做功使辊子表面的温度上升，辊子表面的载墨量发生变化从而使印张表面的墨量发生变化。

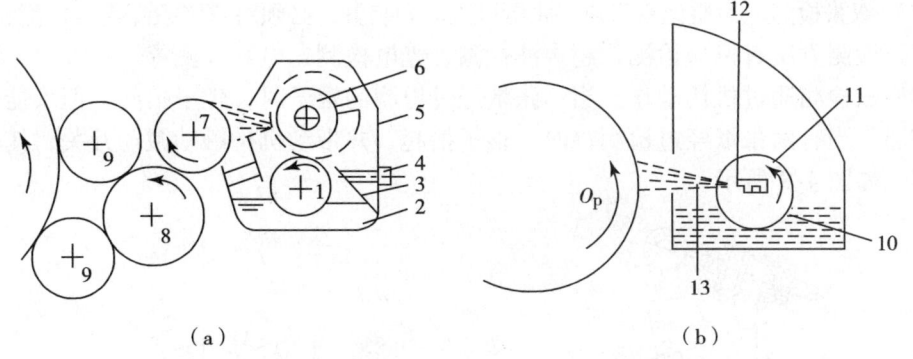

图 4-7 喷水润湿装置
1—水斗辊；2—水斗；3—刮刀；4—调节螺钉；
5—网筒；6—压缩空气室；7—传水辊；8—串水辊；
9—靠版水辊；10—水箱；11—水斗辊；12—空气喷嘴；13—调节板

四色印刷时除影响阶调外还会引起色调的变化，使印品产生严重色偏，直接影响印品质量。因此，温度是需要加以控制的。

输墨装置中以串墨辊表面温度升高最多。温度控制一般采用在串墨辊内部通入冷却水进行降温，有些印刷机在墨斗辊芯部也通入冷却水。

对于胶印，生产中使用的润版液可以减低装置的温度。对于凸印，采用水性油墨进行降温。对于数字印刷机，串水辊通入冷却水进行水冷。

日本三菱印刷机制造部门一项研究表明：彩色印刷品的颜色偏差65%是由于输墨装置温度变化引起的。

图4-8 即胶印机的典型墨辊冷却系统。

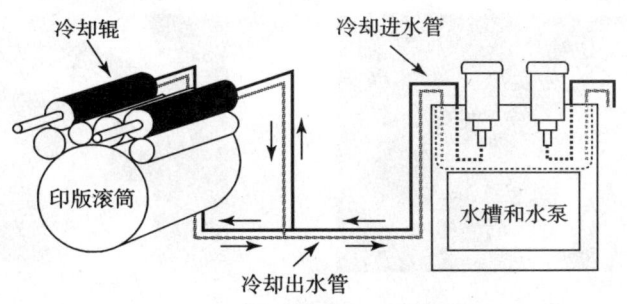

图 4-8 胶印机的典型墨辊冷却系统

四、给纸控制

输纸控制的功能是把纸张一张一张平稳地送给印刷单元。

输纸台带有自动升降系统，并带有副给纸台。利用检测装置进行高度控制。一般情况下纸张印10张左右纸台上升一次（微量上升）。

（1）高度检测（光电开关）。当纸台高度不合适时，启停电机。并通过安全保护开关进行限位。

（2）规矩。纸张歪斜检测、纸张早晚到检测、纸张左右定位。

（3）双张检测。为避免双张或多张纸进入印刷装置，必须对双张故障进行检测和控制。双张检测方法有机械检测、超声波检测、光电检测、电容检测等。

①机械检测通过机构动作。当一张纸经过检测的辊子时，辊子抬起，但不能使微动开关接通。当有两张纸经过检测辊时，辊子抬起，并带动机构触动微动开关，使微动开关接通。如图4-9所示。

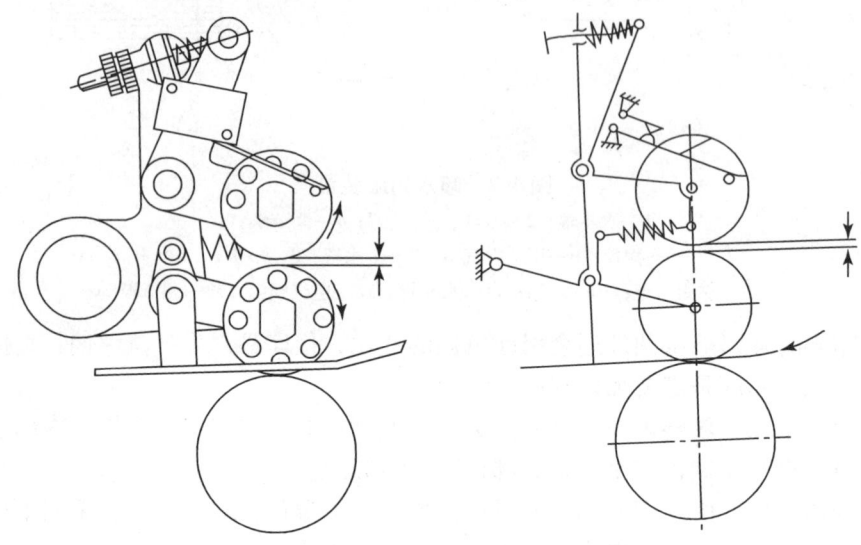

图4-9 机械检测双张故障

②光电检测是通过投射检测方法。依据一张纸和两张纸透光量不同进行测量。适用于空白的印刷纸张。如海德堡和三菱的印刷机。如图4-10和图4-11所示。

图4-10 海德堡GTO52的光电式双张检测

图4-11 三菱光电式双张检测

（4）空张检测和控制。检测方法是通常采用光电检测或电牙进行检测。

五、套准控制

人眼看不到的套印误差在0.02mm以下。在印刷行业，国际标准允许的套印误差对于精度不高的印刷品是±0.1mm（低），精度较高的印刷品是±0.05mm（高）。

对于单张纸印刷机，通常调节印版滚筒的方法来实现，滚筒倾斜量小于等于±0.15mm，周向和轴向调节量为±2mm或±3mm，或者调传纸滚筒。下面以PZ4880为例，介绍调版装置，如图4-12所示。调版控制的作用是对各色组的印版滚筒通过按钮和电机对滚筒的轴向和周向作微量的调整以满足套印的需要。

调整的方向：轴向正方向规定为压印滚筒向传动面的方向；周向正方向规定为压印滚筒向收纸方向。其调整量为轴向±2.5mm，周向±1.5mm，超过这个规定值有限位电路保护和指示灯提示，按钮将失去作用。

图4-12（a）所示电路中的SM为直流伺服电动机，它通过按钮SB22（+）或SB23（-）（四触点按钮），配合SA28和SA27选择开关，因接受不同方向的直流电源而作不同方向的旋转。例如当SB22（+）按钮被揿压，SA23（-）按钮被揿压时，电动机SM6一端沿906、905、903、902号线接受负电源，另一端则沿904、952、963、901号线接受正电源，因此作逆时针转。

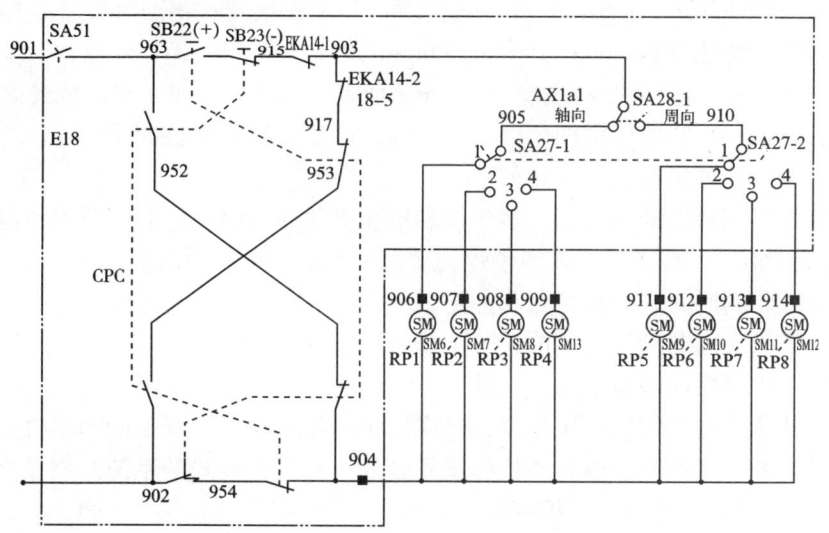

(a) PZ4880-01A机调版控制电路

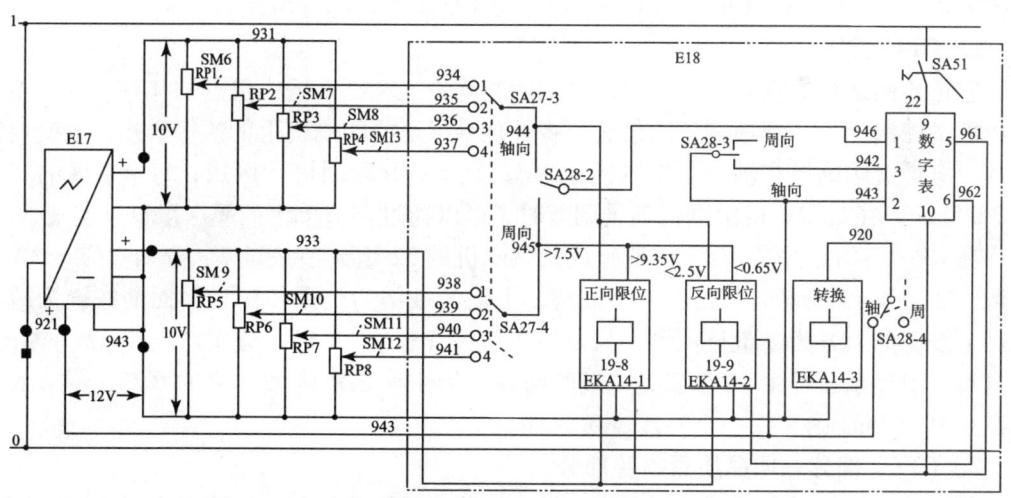

(b) PZ4880-01A机调版显示电路

图4-12　PZ4880-01A机调版控制电路与显示电路

如图4-12（b）所示，调版的结果由每个电动机所拖动的电位器送到限位电路

EKA14-1 或 EKA14-2 处理，并送给数字电压表显示。如 SM6 拖动 RP1、SM7 拖动 RP2 等。当轴向调版量为 ±2.5mm 时，相应的电位器中心接线对 943 号线的电压值在 2.5~7.5V；当周向调版量为 ±1.5mm 时，相应电位器中心接线对 943 号线的电压为 0.65~9.35V。

六、现代典型印刷机控制系统——印刷生产过程的计算机控制

随着印刷技术及相关技术的发展，1972 年德国曼罗兰印刷机制造厂首先研制成功了多色胶印机遥控装置，之后又出现了计算机质量控制装置。目前先进的多色胶印机 90% 以上都配有计算机生产控制系统。例如：曼罗兰的 CCI 系统即计算机控制油墨系统（Computer Controlled Inking Systems）、RCI、和 PECOM 系统；德国海德堡的 CPC 系统即计算机印刷控制系统（Computer Printing Control System）、CP-Tronic 以及 CP2000 系统；日本小森 PQC 即印刷质量控制系统（Printing Quality and Control）等。除此之外，数字印刷机也发展很快；它集印前图像处理、制版、印刷、计算机控制于一体。

印刷机使用计算机控制的优点如下：

①缩短更换印件的准备时间，多色印刷机在更换印件时，对版、调墨色占用印前准备工作时间的 60%，有了计算机墨色预调功能大大减少可调节时间；

②减少试印刷时间，减少纸张和油墨的浪费；

③减少了工人的劳动强度，改善了工作劳动条件；

④保证印件再次印刷质量的一致性。

海德堡计算机印刷控制系统是海德堡应用于单张纸和卷筒纸平版印刷机用以预调给墨量、遥控给墨、遥控套准以及监控印刷质量的一种可扩展式的系统。该系统由墨量和套准控制装置 CPC1、印刷质量控制装置 CPC2、印版图像阅读装置 CPC3、套准控制装置 CPC4、数据管理系统 CPC5 和自动检测与控制系统 CP-Tronic（CP 窗）等组成。该系统主要包括：CPC1、CPC2、CPC3、CPC4、CPC5 等几部分组成。

1. CPC1 部分

它是控制系统的核心，具有按键输入、光笔输入和磁带输入信息的几种方式。主要完成墨量控制任务，处理输入的信息，将处理结果送给印刷机上的执行机构，改变控制参数。海德堡印刷机在轴向上将墨辊分为 32 个（对开印刷机）区域，每个墨区的宽度为 32.5mm，在对印刷机组进行墨量调节时，可以通过调节单个的墨区墨量来实现。

在 CPC1-01 的控制台上，设有控制微电机的 32 组调节按键 7，分别对应于 32 个墨区，如图 4-13 所示。每组有两个按键，上面的按键为加墨按键，下面的按键为减墨按键。按键的上方为墨量显示器，与调节按键一样也有 32 组，分别对应着 32 个墨区，并且每一组显示器都由 16 个发光二极管组成，用于显示该区域墨膜的厚度，调节的范围在 0~0.52mm 内，每一小格代表 0.1mm。

2. CPC2 部分：印品质量检验部分

其主要作用是对印刷品进行质量检验。该装置的同步测量头可在几秒钟内对印刷质量控制条的全部色阶进行扫描，在一张印刷品上可以测量六种不同的颜色（实地色阶和加网色阶），然后确定诸如色密度、容限偏差、网点增大、相对印刷反差、模糊和重影、叠印牢度、色调偏差和灰色度等特性参数值，并将这些数据与预调参考值相比较。

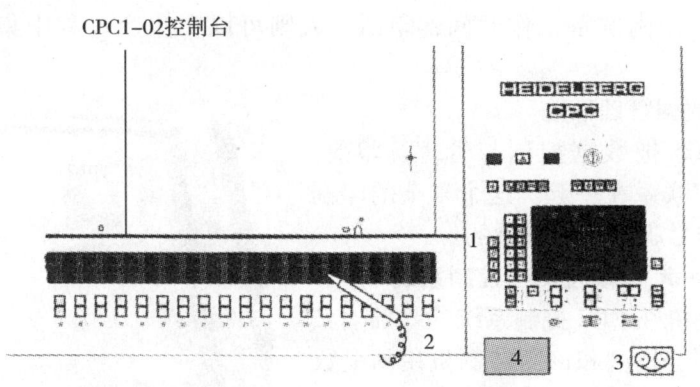

图 4-13　海德堡印刷机控制台
1—键式开关和显示器；2—光笔；3—存储装置；4—墨膜厚度分布储存器

CPC2－S 是用色度测量代替原 CPC2 的密度测量。CPC2－S 能进行光谱测量和分光光度鉴定，而且能够根据 CPC 测量条的灰色、实地、网目和重叠区计算出 CPC1 装置的油墨控制值。印刷前可测量样张或原稿的测量条，在印刷过程中可测量印品的质量控制条，并可将从原稿所测量的 6 种颜色直接转为专色。它与 CPC1 结合使用能够最佳地忠实样张或指导印刷，也可测量油墨光密度。

海德堡印刷质量控制系统 CPC21 系统利用分光光谱分析来改善过去凭人眼获得的色彩。该装置对于 PMS 和特殊内部色彩的升级极为有用。通过打样的参考数值与机器印张的比较，输墨的正确校正数值可自动进行计算，然后机器进行自我校正。

海德堡印刷质量检测系统 CPC22 是非常经济型的系统，该系统可以帮助印刷厂家提高印刷品的质量并达到 ISO 9000 印刷质量检测标准，进而帮助企业取得 ISO 9000 证书（图 4-14）。

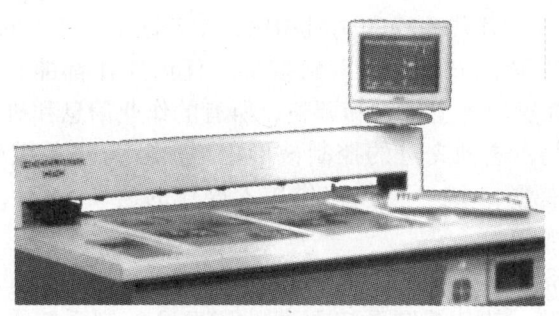

图 4-14　海德堡样张检测台

3. CPC3 印版阅读装置

测量印版图像信息，并将获得的印版图像信息送给 CPC1 系统对印刷机进行油墨预调。

4. CPC4 套准检验装置

检验印刷品表面的套准标记，通过远红外传输给 CPC1 系统。

CPC4 海德堡自动套准控制装置是海德堡公司新近推出的全自动套准系统。在印刷准备工作期间或正式印刷过程中，该系统对每一印张的套准进行自动检测和控制，这样便大大地缩短了印刷准备工作时间，印刷工人则可以在生产过程中集中精力于质量管理。

5. CPC5 数据管理系统

海德堡 CPC5 把数据控制与管理、印前、印刷和印后运作联系在一起。这个复杂的印刷厂管理系统是以数据网络为基础的。

6. CP–tronic 自动检测与控制系统

海德堡印刷机在 CPC 控制系统的基础上又配备了全面控制、检测和诊断印刷机用的全数字化电子显示系统，即 CP 窗（CP–tronic），见图 4–15。

CP 窗是一个模块化的集中控制、检测和诊断系统。CP 窗使印刷机的所有功能全部数字化，如预选值和实际值用数字输入，并能重新存储或重新显示。CP 窗的核心是一组高容量的

图 4–15 海德堡印版检测装置

计算机，它运用密集的传感器和脉冲发生器网络提供信息和传输指令，在中央控制台等离子显示器上显示出全部与作业有关的信息，并在屏幕上显示错误信息，使操作者进行修正。

7. CP2000 型控制系统

CP2000 型新一代胶印机以 CP2000 控制系统为核心，以海德堡公司传统的速霸胶印机为基础，形成完美的机电组合。它把速霸胶印机的多项创新技术和全新的 CP2000 控制技术、CPC24 图像控制技术以及印前系统数字化连为一体，进一步注释了海德堡印前、印刷和印后一体化的概念。

CP2000 型胶印机与前几代速霸印刷机相比，主要区别在于其现代化设计的控制台，控制台右方有一个 TFT 彩色显示大屏幕触摸屏，任何操作都能在触摸屏上轻易完成，所有重要的功能都能在触摸屏上预设和调整，所有的作业信息和机器设定数据都能从屏幕上储存和读取。因此，这种先进的控制被形象地形容为"单键生产率"（one touch productivity），这是海德堡自 1993 年推出供单人操作的速霸 SM74，并提出"单人生产率"口号以来的又一大进步。

下面着重介绍一下该机器各项系统的特点和性能。

（1）中央控制系统。就其控制系统而言，CP2000 控制系统秉承色 CP 窗和油墨遥控系统的所有功能，并增加了如色彩实时控制、触摸屏操作等一些加强功能，使得整套中央控制系统日趋完善。整套系统主要包括 CP2000 中央控制台和色彩实时控制系统。

CP2000 的控制系统具有以下几大特点：

①触摸屏操作、快速简便可靠；

②可以预置作业信息、储存多达 250 个作业；

③可以选配印前接口，实现印刷和印前数字化联机；

④色彩实时控制系统可以使供墨单元反应加快 50%～70%，大大减少了废张数量；

⑤生产中，即使生产中断，墨量分布变化也会很少，保证印张色彩统一，减少

废张；

⑥智能化预润版和后润版，减少了机件磨损。

（2）图像和色彩管理。CP2000胶印机基本摒弃传统的利用色彩控制条，通过"肉眼"测量印品色彩、分析印张与样张色差的方法，而是采用了一套自动化的色彩测量和控制系统。它就是海德堡公司最新研制的被称为"电子眼"的CPC24系统。

其技术特点主要有：
①对整个印张图像进行测量；
②通过分光光度技术进行真实的测色分析，基本不需要色彩控制条；
③彩色触摸屏显示器使操作更加简便；
④通过印前接口CPC32－CIP3输入印前信息；
⑤自动显示与标准值的色差；
⑥自动生成墨区调整值，经操作员确认后，连线传送到印刷机中；
⑦可与多台印刷机联机；适用于不同尺寸、厚度和材料的纸张。

（3）控制系统的功能
①控制功能。进行墨量、水量、套准、自动清洗橡皮布等功能。
②显示功能。在CPC1中央控制台上通过光电二极管进行显示墨量信息。通过显示屏显示故障信息和操作信息。
③记录功能。通过磁带或打印纸带记录生产信息。

第二节　国产胶印机电气控制实例

印刷机现代化的特征之一就是印刷机械自动化。实现印刷自动化，才能摆脱繁重的手工操作，使印刷质量得到提高，印刷速度大幅度提高，印刷成本大大降低。总之，广泛实现印刷机械自动化和进一步提高自动化程度，已成为实现印刷工业现代化的重要措施之一。

现代印刷机一般包括机械部分和电气部分，电气部分在印刷机械中占有相当重要的地位。一台印刷机质量的好坏，自动化水平的高低，操作是否灵活，主要是由印刷机电气部分的质量和可靠性所决定的。印刷机的机械结构，设计水平和制造水平一般相对稳定，而电气系统无论是硬件还是软件的发展却是日新月异，但无论怎样发展印刷机电气永远服务于印刷机械。

无论是卷筒纸还是单张纸印刷机，印刷过程中都需要完成给纸、印刷和收纸三部分工作。印刷机电气控制系统主要完成印刷机的启动、制动控制、速度控制、顺序控制，为印刷机各工作机构提供必要的动力控制。

印刷机电路是以电动机为原动机驱动印刷机的电器系统的总称。其中包括：传动用电动机、控制电动机用的电气、检测仪表以及实现高度自动化所必需的专用计算机等部分。

印刷机电路的作用为：
①转换输送电网电能；

②传递处理各种现场信号；

③控制有关机械部分动作；

④保证印刷机按工艺要求准确迅速地实现各种操作。

印刷机电路的发展是与电器技术的发展紧密相连的。过去的印刷机电路配备少，控制方式简单。仅用简单的闸刀开关和少数的接触器、继电器来进行控制，调速系统的精度也很差。近几十年来，由于电子技术的飞速发展，体积小、响应快的电子器件的研制应用，极大地提高了印刷机的性能。启动力矩大、转速高等新型电动机的问世，PC 控制、微机控制等新方法的提出，使印刷机电路变得更加精密了，印刷机因而能够实现印刷工艺所需要的多种自动控制。下面扼要介绍现代印刷机中的一些电动机部分和控制电路部分。

1. 印刷机的主传动电动机

印刷机的主传动的动力是通过主传动电动机把电能转换成机械能而获得的。根据所需功率的大小，目前主传动电动机是额定功率从几千瓦到几百千瓦的电动机。印刷机的主传动电动机根据转数控制精度的要求，只在大型卷筒纸上印刷机采用直流电动机，其他情况下一般都是用交流电磁调速异步电动机（滑差电机）或交流变频调速电动机。

2. 主传动控制

印刷机的点动、低速、运转、定速、停车、速度的调整等控制称为主传动控制，其中还包括防止错误操作、故障联锁、速度自控等。

3. 着水、着墨控制

着水辊和着墨辊的离合、传墨辊动作或停止、水斗辊和墨斗辊的速度控制，过去都采用机械方式，现在已经采用了电机和电磁方式。靠操作台遥控的方式对着水着墨进行控制。

4. 滚筒的离合压控制

滚筒离、合压控制电路能使各个印刷机组的滚筒按照纸张通过信号依次自动合压，又能根据纸张停止或歪斜信号依次自动离合压。

5. 输纸机与收纸机部分的控制

单张纸胶印机的输纸机、收纸机部分的传动和控制是由继电器和接触器或 PC 机控制驱动电机或电磁铁等执行部件的动作，从而实现纸张的自动输送和接收。

6. 印刷状态的显示和报警

印刷机的印刷速度、印刷张数与滚筒合压状态等均可以通过电路装置准确地显示和报警。

7. 纸张故障的检测

在单张纸印刷机的输纸部分和前规部位都设有双张检测和前规检测器（光电检测器）。

8. 套印调整

套印自动化的调整是依靠远距离操作按钮，对各色调版用电机进行遥控的装置，减少了准备时间，提高了精确度（轴向调版、周向调版电机）。

9. 卷筒纸架的运转控制

卷筒纸胶印机所使用的卷筒纸架的驱动是靠电控进行的（使用的张力跟踪器进行控制）。

10. 纸带张力保持控制

在使纸带张力保持一定的张力控制装置中，也都全部采用电子设备。

我们在印刷生产实践过程中，必须密切接触印刷机电路。这就要求我们印刷人员要全面理解印刷机电路的基本知识，掌握印刷机工作原理。做到既能印刷又能对印刷机的电器进行简单故障的排除。因此学习一些具有代表性的常用电路及工具使用入手由浅入深、循序渐进。做到能排除简单电路故障，可以较好地使用印刷机。

一、J2108B 单张纸单色平版印刷机

J2108B 单色平版印刷机是在 J2108A 单色平版印刷机基础上，改变了传统的滑差调速，去掉了低速电机，用一个印刷专用电动机加上日本三菱公司生产的 E500 型变频器就可完成点动、正反点、低速运转和定速等，用一个显示屏显示印刷机的转速，实现了印刷计数，有一个故障就可很直观、快速方便地找到印刷机的停锁部位，大大的方便了操作者的使用。由于采用了日本三菱公司生产的 PLC 可编程序控制器，使整个印刷系统工作可靠故障率低，维修方便。

1. 电气系统的组成及性能

（1）电气系统的结构。电气系统分成三个电气箱、一个接线盒。其中主电气箱在印刷机收纸机传动面上，传动调速箱在主电机旁，前规检测下边的接线箱在输纸机下边。如图 4-16 所示。

图 4-16　J2108B 印刷机的主电器箱

（2）功能及特点。印刷机具有速度调节通过 PLC 可编程序控制器巡回检测故障，如有故障会报警。灯光屏幕显示故障部位、速度预选、顺序离合压，输纸上升量控制。

J2108B 印刷机的电气系统采用了模块化的结构方式，为了缩短安装时间，电气安装基本上采用航空插头连接方式，插座除有相应的电气代号外，还具备了颜色及针孔对应性特点，可以有效地防止误插而造成的连接错误，连接时将插头和插座用力插紧并将紧固螺母旋紧就可实现连接。

2. 电气控制系统

J2108B 与其他单张纸平版印刷机电气控制系统的控制功能类似都具有停锁、点动、低速、运行输纸机等。在主操作面板、收纸面板上，除装有蜂鸣器外在收纸面板上还装有显示面板以显示印刷速度和计数还有另一块面板显示故障、停锁显示等功能（图 4-17）。

（1）电源配置。电源采用 380V 三相四线制交流电，其中中线（N）作为全机保护

接地线，因此要求 N 有良好的接地性能，动力电源的容量不能小于 10kW，动力电源必须在机器外部设置动力开关。

采用空气开关取代了 J2108A 型印刷机的保险器，由于使用 PLC 可编程控制器，减少了过去的中间继电器等电器控制元件，使配电箱体积大大缩小，电路简单明了，大大地减少了维修的难度，由于元件少故障率就少得多了。

（2）电机配置

①主电机采用变频调速印刷专用电机，功率为 7.5kW，一台；

②输纸电机采用锥形电机，功率为 0.55kW，一台；

③收纸电机也是采用锥形电机，功率为 0.55kW，一台；

④输纸和收纸气泵电机各一台，功率为 2.2kW，两台。

比 J2108A 减少了 1 台电机（低速电机）。

3. 主电路

（1）主电机电路。J2108B 主电机采用了变频调速系统，实现对主传动的无极调速，如图 4-17 所示。其控制过程为：根据操作指令通过控制核心 PLC 运算，然后将运算结果通过 D/A 模块转换为模拟量，来控制相应的变频器。由变频器完成对执行电机的速度控制，完成正点、反点、低速、运转、定速等。如图 4-18 所示。

图 4-17 J2108B 印刷机的主电机

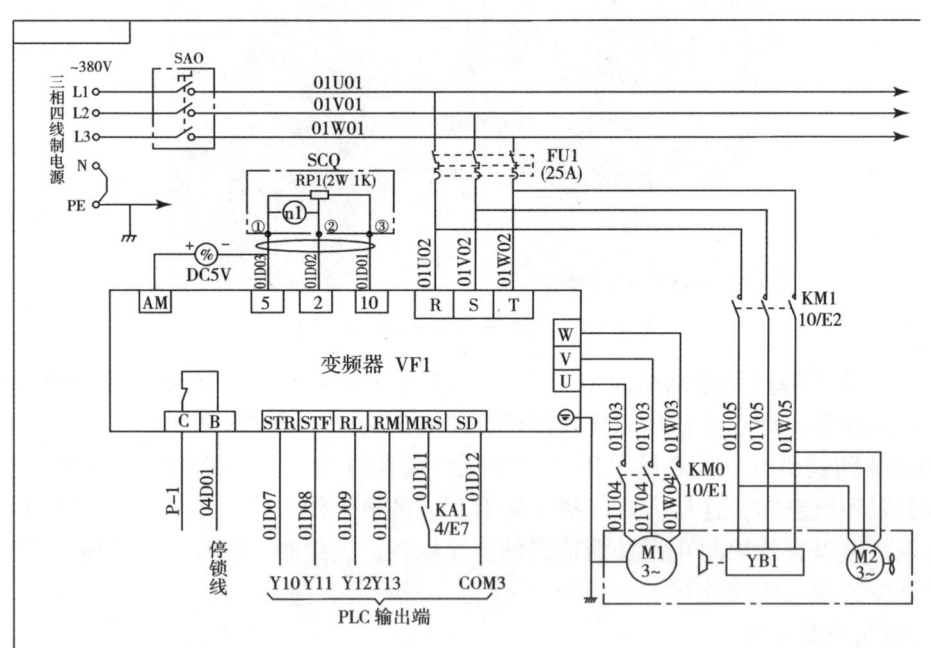

图 4-18 变频器电路图

（2）输纸堆电机、平纸风扇电机、输纸泵电机、收纸堆电机、收纸泵电机。如图 4-19 所示。

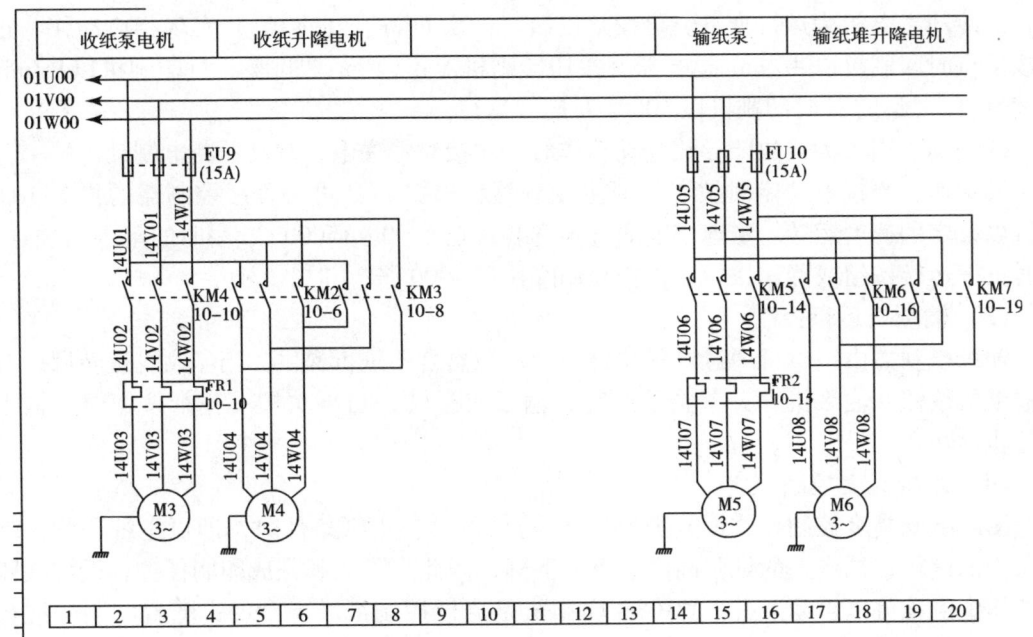

图 4-19 J2108B 机主电路图

(输纸堆电机、平纸风扇电机、输纸泵电机、收纸堆电机、收纸泵电机)

4. 控制电路

(1) 停锁控制

①停锁按钮。本机有三个操作部位：主操作台在输纸机与机组中间；机组传动面、操作面各一处；收纸机上方一处。

在主操作面板上，收纸操作面板、机组传动侧（收纸方向）有停止按钮，在任何一处停机都可以使印刷机停止运行。停止按钮可以锁定停车状态，在滚筒安全杠及输纸机踏板等处的微动开关与各处的停机按钮串联输入到 PLC 中，当滚筒安全杠被触动或安全护罩被打开时，微动开关断开电路，此时与按动停止按钮时一样可以使印刷机停止运行。当开机时，只要有一个停锁按钮或安全杠、脚踏开关未断开印刷机就无法启动。另外还有一个"停车按钮"在机器处于运转或低速条件下，按此按钮机器无制动停车。

②安全控制。在主操作板上输纸机和收纸机共有 6 个安全开关（开机按钮），当低速、正点、反点操作时可以在三个操作部位任何一处进行，另外在色组下方还有一处检修用的正点、反点按钮。

③巡回检测。PLC 利用移位寄存器对停锁信号、安全杠非安全状态时通过巡回检测功能，对何处出现上述问题，并使相应的部位的指示灯和蜂鸣器工作。在印刷机收纸处的上方显示该处部位，以便操作者处理故障。

(2) 点动和低速运行

①开车前的准备。合上主电气箱电源开关，如果全机停锁接通机器处于待运行状态；如果停锁线未接通可从收纸部分的显示屏上的停车画面上依次查找部位。

②正反点、运转。若运行条件满足时，当第一次按"正点"或"反点"按钮时主蜂鸣器响 3s（蜂鸣器响期间，按钮失效）后，同时主电机制动器解除，冷却风扇电机

旋转，冷却主电机为运行准备。再按此按钮（两次间隔不超过10s）实现相应动作，正点或反点时印刷机以4r/min运行松开按钮印刷机停止运行。"低速"时印刷机以4r/min连续运行。"运转"时印刷机以4000r/h连续运行。

③制动。当人为或故障导致停锁动作时，主接触器失电，制动器断电制动。

④定速。当按下"定时按钮"时主变频器将根据PLC可编程序控制器的指令，印刷机以设定的速度运转。定速速度通过预选装置在4000~15000张/小时的范围内预选。此时按下运转按钮或降速按钮印刷机自动降速到4000张/小时。

（3）输纸机运行控制

输纸机动力由主电机通过电磁铁控制的机械离合器进行提供。当印刷机运转后，按下输纸机按钮，输纸机"开"指示灯亮，输纸机运转，当再次按下输纸按钮时，输纸机停止运转。

（4）纸堆高度控制

①给纸堆高度控制，收纸电机M4。当输纸机具备走纸条件时，即可走纸印刷，随着印刷的进行，纸堆上的纸张高度会逐渐下降，因此为了顺利完成印刷任务，纸堆在印刷工作中应该可以自动上升。J2108B印刷机是这样控制纸堆上升的，随着印刷的进行纸堆在下降一定高度时压纸脚压动微动开关SQ12，SQ12接通交流接触器KM6，KM6吸合后接通输纸堆升降电机，使输纸堆上升。当压纸脚触动到（压实）纸堆时，微动开关SQ12断开，接触器失电释放。此时PLC接到输入信号后输纸电机失电，停止运行。在纸堆上纸时，为保证安全，本机还采用了正常高度限位。如图4-20所示。

图4-20 收纸电机及其控制

②收纸堆控制。M6为主纸堆升降驱动电动机快速上升的限位开关SQ9，安装在侧齐纸板上的开关SQ5用于自动微量下降，当按动纸堆升按钮时主纸堆上升，到达一定高度时，触动开关SQ9纸堆停止上升，当按动纸堆降按钮时，纸堆自动下降，到达一定高度时纸堆触碰SQ10开关纸堆停止下降。如图4-21所示。

③气泵控制。气泵包括收纸泵和平纸泵。收纸泵操作选择开关SA3可以选择手动、停、自动。

（5）压纸风扇控制。收纸上升有两排10个压纸风扇，当不同薄厚的纸张在不同的印刷速度时风扇采用不同的速度，风扇速度可以通过风扇调速器进行。风扇选择钮有三位选择钮选择"手动"时收纸风扇启动，按照程序旋转；选择"自动"时收纸风扇的开停有印刷顺序控制，风扇转速由电位器设定；选择"停"时收纸风扇不工作。

图 4-21　收纸堆控制

（6）离合压、水、墨控制。离合压、离合水、离合墨都是由电磁铁执行的。与其他印刷机一样当纸张正常到达一定距离时按顺序按下合压、合墨、合水等这一切都由同步光电开关控制动作的间隔时间，当有故障产生时各部分实现顺序离合压，或当印刷机出现双张和前规故障时，可以自动进行离压、离水、离墨，或当印刷机的安全开关、滚筒保险杠被触动时按下停车按钮时印刷机会离压、离水、离墨。如图4-22所示。

图 4-22　离合压控制

（7）前规输纸故障控制原理。前规检测采用机械式检测装置由 5 个纸张检测器（俗称"电牙"）对空张、歪张、折角、早到、晚到进行检测，由安装在检测轴上的同步检测光电头检测产生纸张到达的准确信号。同步检测光电开关的铁板缺口通过检测装置时为检测时间。由 PLC 对纸张故障检测信号与同步信号对比判断，当出现空张、歪张、早到时 PLC 按照内部程序进行逻辑处理后，向输出部分送出信号，使输纸机停、前规互锁、机组顺序离压、离水、离墨，印刷机自动由"定速"速度下降到运转速度。同步检测光电头。

（8）双张故障自动控制原理。双张检测同样采用机械式检测装置。根据纸张厚度调整检测器检测缝隙的大小，当印刷机输纸出现双张故障时，双张控制器的机构动作触碰检测器的微动开关，开关触点闭合，PLC 接到双张故障信号后，依据内部程序逻辑关系进行处理并送出相应的信号，使输纸机停止运转，前规互锁，印刷装置离压、离水和离墨，印刷速度下降到运转速度。

5. PLC 电路控制电路（PLC 输入电路、PLC 输出电路）

J2108B 采用的是日本三菱公司生产的 PLC，型号是 FX1S-30MR-ES。

印刷机共用了 16 个输入点，如表 4-1 所示。有 19 个输出点，如表 4-2 所示。开关分布见表 4-3。

表 4-1 J2108 PLC 输入点

序列号	输入点号	线号	用途
12	X0	05D01	主轴信号 去显示器 SMQ
13	X1	01D05	变频器 VF1
14	X2	04D06	停锁线
15	X3	06D01	正常停车
16	X4	06D02	正点
17	X5	06D03	反点
18	X6	06D04	低速
19	X7	06D05	运转
20	X10	06D06	定速
21	X11	07D01	前规、大张、小张
22	X12	07D04	给纸机
23	X13	07D06	水
24	X14	07D07	墨
25	X15	07D08	合压
26	X16	07D09	收纸自动降、副收纸
27	X17	07D010	纸堆限位

表 4-2 J2108B PLC 输出点

序列号	输出点号	两端线号	用途
1	COM0	P+1	PLC 输出公共点
2	Y0	08D01	蜂鸣器
3	COM1	P+1	PLC 输出公共点
4	Y1	08D02	给纸开
5	COM2	P+2	PLC 输出公共点
6	Y2	08D03	互锁
7	Y3	08D06	水
8	Y4	08D07	墨
9	Y5	08D08	合压
10	COM3	P+1	变频器 SD 公共点
11	Y6	P+1	变频器 STR 反转
12	Y7	P+1	变频器 STP 正转
13	Y10	P+1	变频器 RL 低速
14	Y11	P+1	变频器 RM 运转
15	COM4	P+1	公共点
16	Y12	10A04	收纸堆降
17	Y13	10A07	收纸泵
18	Y14	10A17	给纸堆升
19	Y15	10A20	运行准备

印刷机械电气控制

表 4-3　J2108B　开关分布

序列号	开关号	两端线号	用途	
1	SA0	L1 – L3	总开关	
		01U01 – 01W01		
2	FU1 （25A）	01U01 – 01W01 01U02 – 01W02	主变频器开关	
3	FU2 （10A）	01U01 – 01W01 02U01 – 02W01	TC1 变压器 一次 380V～	
4	FU3 （6A）单	02A01 02A02	02A01 02A03	28V
5	FU4 （3A）单	02A04 02A05	02A05 02A06	150V
6	FU5 （3A）单	02A08	02A08 02A00	220V
7	FU7 （6A）单	02A09	02A09 02A00	110V
8	FU6 （3A）单	02D01 P + 1	P + 1 P – 1	24V～
9	FU9 （15A）单	01U00 – 01W00 14U01 – 14W01	收纸泵电机	
10	FU10 （15A）单	01U00 – 01W00 14U05 – 14W05	给纸泵	

二、BEIREN 300 印刷机电气系统

1. 电气系统的概述

BEIREN 300 型多色胶印机的电气系统由电气控制装置、电气检测元件、电气执行元件、电气操作装置四部分组成。通过连接线将上述四部分有机地连接起来，构成整机的电气硬件系统。在电气操作装置上进行操作，电气控制装置综合操作指令，以及电气检测元件反馈回来的机械运动部件或纸张状态的信息，进行各种印刷功能的控制；或者将其结果发送给电气操作装置进行相应的功能显示。

BEIRIN 300 型多色胶印机的电气系统是以 PLC 为控制核心，并采用了日本三菱公司的 PLC 三机并行系统新技术，通过 485 通信实现 3 机之间的信息交换。所谓三机是指三个功能相对独立的 PLC 系统，其代号分别为 A、B、C，A 的功能是完成全机的顺序控制，B 的功能是完成印刷参数的调整，C 的功能是完成全机的运行控制。

BEIREN 300 型多色胶印机的电气控制系统采用了先进的人机界面技术，通过人机界面进行功能操作或完成系统的状态显示和数据显示。全机共设置了三个界面，分别安装在给纸机操作箱上，收纸操作面护罩上以及墨色控制台上。

BEIREN 300 型多色胶印机的电气系统广泛采用了变频调速系统，实现对主传动、水辊墨辊及制动辊的无级调速。其基本控制过程是，根据操作指令，首先通过 PLC 进行运算，然后将运算结果通过 D/A 模块把数字量转换成模拟量控制相应的变频器，最后由变频器完成对执行电机的速度控制。

BEIREN 300 型多色胶印机的电气系统除上述控制外，大量采用了开关量控制方式，

即将大量的现场反映机构运动状态或纸张状态的开关量信息，输出给 PLC，经 PLC 的逻辑运算而后将运算结果通过 PLC 的输出端进行开关量控制，再通过电气执行元件或装置完成各种控制功能。

BEIREN 300 型多色胶印机的电气系统采用了编码器作为机器的主轴信号源。编码器在机器运转时发出脉冲，输入给 PLC 的高速输入端，而后 PLC 对输入的脉冲进行计算，从而完成对机器的速度及角度的控制。

BEIREN 300 型多色胶印机的电气系统对运行系统（C – PLC1）进行了二次安全控制，驱动主电机的变频器，不但受到 C – PLC1（一次）控制，同时还要受到 C – PLC2（二次）控制，也就是说，只有两个 PLC 的运算结果一致时，变频器才能启动主电机，防止一个 PLC 失控而造成运行事故的发生。

BEIRIN 300 型多色胶印机的电气系统，前规互锁控制采用了单独的小 PLC，而脱开 A – PLC 直接对互锁进行控制，这样可确保高速印刷互锁控制功能的快速性。

BEIREN 300 型多色胶印机的电气系统，采用了模块化的结构方式，为了缩短安装时间，电气安装基本采用了插头连接方式，插座除有相应的电气代号外，还具备了颜色及针孔对应特点，可以有效地防止误插而造成连接错误。

BEIREN 300 型多色胶印机的电气系统，采用了质量及性能上乘的电器元件配套，其中绝大多数的元件装置采用了法国、德国、日本、美国等世界名牌产品，有效地保证了电气系统的稳定性、可靠性。

2. 电气系统对用户提供安装条件的要求

（1）电气系统的电源配置。动力电源应为三相四线制表 380V、50Hz 电源，其中中线（N）作为机器的保护接地总线，因此要求 N 线有良好的接地性能。电源电压应保证对称，波动范围不应超过 ±10%。配有美国黑色遥控设备的机器应提供 220V、50Hz 带保护接地线的电源，容量不小于 750VA。

动力电源的容量不小于 80kVA，动力电源用户必须在机器外部设置动力开头。

用户应对机器提供照明电源，电源为 AC220V，200W。

（2）如果必要，用户应对机器的电气系统提供抗噪声接地，连接在电气"MM"端子上。

（3）为了保证电气系统的正常运行，机器使用环境温度不应高于 40℃。

3. 电气系统的安装

电气系统的安装与调试的工作量是在整个机器安装就位之后进行的。具体步骤为：

（1）电气箱按安装位置要求就位；

（2）各色组的分线箱按安装位置要求就位；

（3）电气连接线的走线通道按安装位置要求就位；

（4）按"电气安装总图"的走线路径要求进行连接线的布线；

（5）按插头座的对应代号在主电气箱及各个分线箱进行插头线连接；

（6）主电机线按线号直接接在主传动箱的端子板上；

（7）将铜编织线由电气箱的电源侧连接在收纸部位的未用接地点上；

（8）在电气箱的电源侧连接用户提供的机器总电源线以及用户提供的照明电源线，至此电气系统的安装工作已经完毕。

电气安装过程中的注意事项：

（1）插头座虽然具备了防止误插的定位结构，但也要对准方向后再用力插接，以防止插头座定位结构的损坏，甚至造成误插；

（2）YD型插头在插紧后一定要旋紧，YT（YZ）型插头在插紧后，一定要将固定螺钉拧紧；

（3）主电机的保护接地线（黄绿色线）、机器机体的保护接地线（铜编织线）、以及总电源线的保护接地线（N线）一定要保证连接牢固、接触可靠；

（4）连接线在布线时要保证与线之间基本保证并行，不要形成杂乱无章的麻花状，这样不但造成通道内连接线饱和，而且还影响今后的维修工作；

（5）连接线的长度均有一定的余量，因此，在连接过程中，要保证插头不受力；另外，在走线通道内，要保证连接线松弛，以防机械结构将连接线划伤，造成不应该产生的事故或电气故障。

4. 电气系统的调试

BEIREN 300型四色胶印机在完成上述电气安装后，即可进行通电试车，其步骤如下：

（1）接通用户电源，检查电源电压及保护接地线是否正确。

（2）在确定进线电源正确后，合上电气箱电源开关，机器通电。

（3）在收纸部位，将"收纸气泵"开关旋至"手动"位置，如图4-23所示。此时收纸气泵工作，检查其旋转方向是否正确，如果出现反向（相对正常工作），说明总电源的相序不正确，此时需改变电源线的相序。

（4）在电源线相序正确的情况下，通过机器上任一点"正点"按钮实现机器的正点操作，判断主电机的旋转方向是否正确，如果主传动的大皮带轮反时针旋转，说明旋转方向正确；否则应改变主电机的相序接线。注意：不要改变总电源的相序，这样做虽然可以保证主电机旋转方向的正确性，但是，会造成其他电机旋转方向的错误。至此，电气系统的调试工作已经完成。

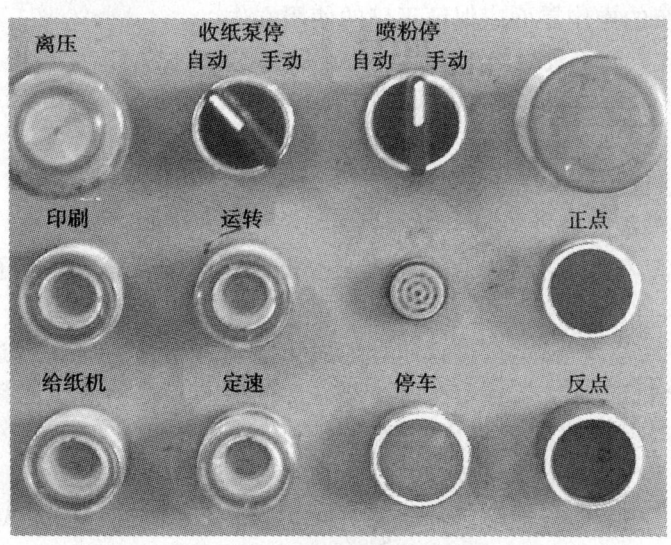

图4-23 操作面开关分布

5. 电气系统的维护

BEIREN 300 型四色胶印机的电气系统是由硬件和软件两部分组成。软件部分已在机器出厂前设计和调试完毕，在用户使用过程中一般不会出现问题，用户无须进行维修和故障处理。因此，用户对电气系统的维护和故障处理的工作是针对其硬件部分。

电气系统的硬件部分按其功能分为两类，一类是电气的连接器件，如插头座、接线端子等，一般说来这些器件的可靠性是较高的，但是由于长期使用或机器运输的振动，难免造成连接松动，而形成接触不良引起电气故障，所以，一般不易出现故障，用户在安装过程中或在使用过程中应定期对电气连接部位进行检查并采取坚固措施；另一类是电气的控制元件，如 PLC、接触器、光电传感器等，这些元件由于采用了高质量的上乘产品，所以，一般不易出现故障，用户在长期维护过程中，要注意以下几个问题。

（1）PLC、变频器的参数已在出厂前调试完毕，因此用户不得对其参数随意进行调整，更不要随意拆装对其内部进行不必要的维护。

（2）BEIREN 300 型四色胶印机所选用的电器控制元件一般都具备 LED 指示灯，以此直观表明元件的各种工作状态或故障显示。在机器出现电气控制功能异常时，用户可根据"电气原理图"和"电气操作功能一览表"，并结合元件的工作状态显示，判断硬件的故障点。

（3）当电气控制功能出现异常时，不一定意味着电气控制线路出现了毛病，因为电气控制功能与机械结构有紧密的联系，如机器上安装的各种开关，其能否达到功能要求，不仅取决于变频器自身，还取决于所控制的电机的机械负荷是否正常等。

（4）机器上安装了一些机器运动参数的传感器，机器出厂时，其位置已经调整完毕，但是，在使用过程中应加以注意，下面分别加以说明：

编码器是控制系统的核心元件，其"0"电信号必须与机械"0"对应。

前规检测时间的感应开关，其动作点（旋转铁板的后沿）的机械角度为 270°。

调版电位器的中点（界面显示为0），与版滚筒的轴向中点或周向中点应对应。

（5）电气系统的操作界面应保证正确的使用方法：

界面上不应放置如工具之类的物品，防止屏幕损坏，或者产生误操作；

界面操作比较灵敏，只要轻触即可完成操作功能，因此，不要用力过大，以防损坏屏幕；

界面上有一层保护膜，用于保护屏幕，不要破坏或撕下，如果损坏可更换。

6. 安全保护与故障处理

（1）运行准备。主机运转、正点、反点、低速运转前，第一次按按钮，蜂鸣器响 3s 后，方能开车。

（2）停车及停锁。机械运行过程中，如发生故障或事故，应在就近部位立即按下"停锁"按钮，全机即刻停车制动，如在某一部位停车检修时，也必须将本部位"停锁"按钮按下，以保证各部分操作装置均不能开车。正常情况下停车，不需要使用"停锁"，应按下"停车"钮，无制动停车，以延长机器使用寿命。

（3）安全杠。当擦版过程中，触动安全杠，全机停车制动，确保人身和机器安全。如图 4-24 所示。

（4）手动盘车。当需要进行手动盘车时，需把盘车手柄插入主传动齿轮；此时，触动手盘车开关，切断全机运行电路，全机不能开车运行，以保证机器以及人身安全。断电后手动盘车，应将主电机制动器手动释放手柄打开，方能盘车。

图 4-24　安全保护装置

（5）保护电路。全机电气控制系统具有短路保护、过载保护以及零压保护功能。主变频器发生异常时，全机停车。

（6）纸张故障检测。在印刷过程中，当前规光电检测到纸张空张、歪斜故障时，全机降至运转速度，同时，控制全机实现给纸停、离压、水墨离压，出水辊电机和出墨辊电机转速降至运转时速度、进纸机构互锁。此时，按主操界面中的前规解锁，输纸台上的压纸阀打开，取出故障纸张后，按"给纸开"，摆动器电磁阀释放，解除故障状态。当发生纸张双张时，控制输纸机停止输纸。如图 4-25 所示。

7. 电气控制的操作与调整

（1）开车前的准备。合上主电气箱电源，全机停锁线接通，机器待运行。可从收纸的人机界面和主操作的人机面中的停锁画面依次查找停锁部位。

（2）运行控制。分别按"正点"、"反点"、"低速"、"运转"钮，主蜂鸣器响3s后，若再按此按钮（操作间隔不超过10s），即可实现相应动作。按"低速"后，机器以4转/分钟低速运转；按"正点"或"反点"时，机器以4转/分钟低速运转（正转或反转），松开按钮机

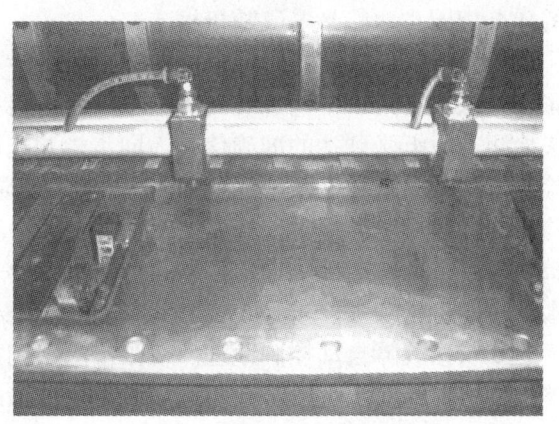

图 4-25　纸张故障检测

器立即停止转动；注意：当输纸机开和相位窜墨选定时，反点按钮失效；当相位窜墨选定时，正点按钮只能每次转 100°。

（3）制动。当人为或故障致使停锁线动作时，主接触器失电，制动器断点制动。

（4）给纸机控制（主操作及收纸按钮）。非急停，非前规故障，非机械双张，非收纸堆满，非定速，非出水辊及出墨辊变频器故障，非水位故障，非制动辊变频器故障，气压达到 6bar（$1bar=10^5Pa$）的情况下：

①若主操界面中未选色选或选中白纸按钮，此时按此按钮给纸机离合器，按钮灯亮；再按此钮，离合器离开，按钮灯灭。若给纸机处于运转状态时，关闭白纸钮，则给纸机停。

②运转状态下若主操界面中选中色选且未选中白纸钮时，按下此钮，机组顺序预湿润，按钮灯闪。预湿润结束后给纸机离合器合，按钮灯常亮。一分钟之后若不走纸，则所选色选机组的靠版水辊离开，给纸及离合器离开，按钮灯灭。预湿润其间按此钮，给纸机离合器不会合上；预湿润结束后至一分钟后给纸机断开前可以按此钮，任意开停给纸机。

③当所有机组都手动合上靠版水辊，按此钮可任意开停给纸机；若只是个别机组被手动合上靠版水辊且界面中有色选被选中时，按此钮则靠版水辊离开，此后的动作同以上②所述内容。手动合靠版水辊也存在一分钟后若不走纸，靠版水辊离开，给纸机离合器离开，按钮灯灭。给纸机运转状态下，发生急停，安全停，前规故障，机械双张，收纸堆满，出水辊及出墨辊变频器故障，水位故障，制动辊变频器故障，气压未达6bar时，给纸机停，按钮灯灭。

④Ⅰ、Ⅱ、Ⅲ、Ⅳ色自动控制原理。在印刷机各色机组的操作侧安装有合压供水，供墨的电磁阀。当印刷机运转后，输纸机开，进纸后，印刷装置即可进行合压印刷，合压时，合压动作时刻由同步检测光电开关进行检测并产生合压信号，自动供水自动供墨。编码器进行机械角度的锁定。印刷机的其他色组的自动合压、供水、供墨及收纸信号是顺序进行的。印刷机四色机组机械时间间隔为977°，四色机组与收纸部分的时间间隔为823°，动作间隔时间的控制采用同步光电开关进行。当有故障产生时各部分实现顺序离合压（编码器的角度必须与机器的机械角度相同，就是机器的0点与编码器的0点相同，一般是电气随机械走）。

⑤前规输纸故障控制原理。前规输纸故障检测采用光电检测方法由5个检测器对空张、歪张、折角、早到、晚到等输纸故障进行检测，由安装在检测轴上的同步检测光电头检测产生纸张到达的准确信号。同步检测光电开关的铁板缺口，通过检测装置时，为检测时间通过前规检测下边接线箱里的放大器，放大后，送到PLC由PLC对纸张故障检测信号与同步信号对比判断，当出现空张、歪张、早到时，PLC按照内部程序进行逻辑处理后，向输出部分送出信号，使输纸机停，前规互锁，各色组顺序离压、离墨、离水，印刷机自动由"定速"速度下降到"运转"速度。

⑥双张故障自动控制原理。双张检测采用机械式检测装置，根据印刷纸张的厚度调整检测器检测缝隙大小。当印刷输纸出现故障时双张控制器的机构动作触动检测器的微动开关，开关触点闭合，PLC接到双张故障信号后，依据内部程序逻辑关系进行处理并送出相应信号，使输纸机停止运转，前规互锁，印刷装置离压、离水和离墨，印刷速度下降到运转速度。

（5）给纸堆控制

①纸堆升钮。在非急停状态下，按住此钮，纸堆从最低位置快速上升，当纸堆挡住正常高度光电开关时，停止上升；若光电开关没有阻止纸堆上升，则当上升下降限位开关被压下时，纸堆停止上升；若此时开关也没有阻止住纸堆上升，则当上升极限限位开关被压下时，纸堆停止上升；手按此钮上升过程中若离开此钮，纸堆停止上升。

②在非急停状态下，按住此钮，纸堆从最高位置快速下降，当120mm限位开关被压下时，纸堆下降改为低速；当上升下降限位开关被压下时，纸堆停止下降。手按此钮下降过程中若离开此钮，纸堆停止下降。

③纸堆平移钮。纸堆在正常高度以下，非左、右平移极限限位开关压下，按此左、右平移钮，纸堆向左、右平移，相应的按钮灯亮。纸堆在正常高度以上，主操界面"纸台控制"画面中选中"手动"按钮，非左、右平移极限限位开关压下，按此左、右平移钮，纸堆向左、右平移，相应的按钮灯亮；若没选中"手动"按钮，则纸堆平移靠自动开关控制。

（6）机组操作面水辊侧面板控制

①靠版水辊离合。在手动情况下，按下此钮，灯闪，合电磁阀接通，靠版水辊与水辊合，磁开关被感应，合电磁阀断；再按一次，灯常亮，合电磁阀又接通，靠版水辊与版滚筒合，磁开关断。靠版水辊完成两次合之后再按此钮，灯闪，离电磁阀接通，靠版水辊与版滚筒离，磁开关被感应，离电磁阀断；再按一次，灯灭，离电磁阀又接通，靠版水辊与水辊离，磁开关断。

自动状态下（即预湿润时），参照"给纸机控制"说明。

②配水辊离合。机器通电后，水辊转动时，配水辊自动合上，按钮灯亮：可手动按此钮，使配水辊离合。若水辊停止转动，则配水辊自动离开，按钮灯灭。

③过桥辊离合。当主操界面中未选"过桥辊钮"时，按下主操界面中已选色选机组的此钮，按钮灯亮，过桥辊合；再按一次，过桥辊离，灯灭。若不马上按此钮离开过桥辊，则3s后过桥辊自动离开。当主操界面中选中"过桥辊钮"时，则过桥辊合上后不离开。预湿润时动作同靠版水辊。

④出水辊开停。非急停，非水辊变频器故障，且水位检测有水，主操界面中已选色选的机组的水辊以10%的速度转动，按钮灯亮，此时可手动按此钮开关水辊。水辊停止转动时，按钮灯灭。若上述任意一个条件不满足时，则水辊自动停止转动。条件恢复后，水辊自动转动。

（7）机组操作面朝收纸方向的面板控制

①摆墨辊开/停。按下此钮，摆墨辊开始摆动，按钮灯亮，再按此钮，摆墨辊停止摆动，按钮灯灭。正常印刷状态下，摆墨辊离合随各机组离合压动作。印刷中可手动操作此钮。

②靠版墨辊开/停。按下此钮，靠版墨辊靠上版滚筒，按钮灯亮；再按此钮，靠版墨辊离开版滚筒，按钮灯灭。正常印刷状态下，前规检测有纸，靠版墨辊从第一机组开始依次合，按钮灯依次亮：靠版墨辊离随各机组离压顺序，按钮灯依次灭。印刷中可手动操作此钮。

③离合压。机器静止时（即手动控制时），按下此钮，胶版合压，按钮灯亮，2s后胶压合压；再拉此钮，胶压离压，2s后胶版离压，按钮灯灭。在正常印刷状态下，按钮灯亮，起合压指示作用。按此钮，紧急离压，按钮灯灭。

④水++。按住此钮，出水辊速度以最高转速运转；手离开按钮，出水辊回到当前水辊跟踪速度。

（8）收纸操作面面板

①收纸泵。此选择开关有三挡，开关放在中间收纸泵停；放在左边，收纸泵处于自动状态，正常印刷时，当第一张纸到达第四机组，收纸泵自动开，印刷停，当最后一张纸到达收纸时，收纸泵自动关；选择开关放在右边，收纸泵常开。

②喷粉。此选择开关有三挡，开关放在中间，喷粉停；放在左边，正常印刷时，第一张纸到达第四机组，喷粉自动开，最后一张纸到达收纸，喷粉自动关；放在右边，喷粉常开。

③风扇调节。通过五个电位器对风扇的五个区进行速度调节。指示灯亮表示风扇启动。风扇：此选择开关有三挡，开关放在中间，风扇停；放在左边，正常印刷时，第一张纸到达第四机组，风扇自动开，最后一张纸到达收纸，风扇自动关；放在右边，风扇常开。

第四章 印刷机电气控制

④取样接纸。按此钮，前齐纸打开，可以取样张；再按一次，前齐纸关闭。

⑤纸堆升。非急停状态下，按住此钮，纸堆从最低位置快速上升，当收纸凸轮开关从下向上数，第三个开关被压下时，纸堆上升变慢速；当收纸凸轮开关从下向上数，第三个开关被释放，第四个开关被压下时，纸堆停止上升。纸堆上升过程中，若制动辊开关被压下或插板限位开关被压下时，或手从此钮离开，纸堆停止上升。

⑥纸堆降。非急停状态下，按住此钮，纸堆从最高位置快速下降，当收纸凸轮开关从下向上数，第二个开关被压下时，纸堆下降变慢速；当收纸凸轮开关从下向上数，第二个开关被释放，第一个开关被压下时，纸堆停止下降。纸堆下降过程中，手从此钮离开，纸堆停止下降。

（9）副收纸控制。非急停状态下，非纸堆下降快速转慢速开关被压下，插入插板，纸堆自动下降30cm。此时按纸堆升钮，纸堆慢速上升，插板顶住插板限位开关，纸堆停止上升。走纸过程中，插板插入后，机器不降速，插板两分半钟不拿出，停止走纸，且报警。

（10）空压机及酒精湿润箱的控制。空压机及酒精湿润箱分别靠各自本身的开关控制。

（11）吸粉控制。与收纸泵同步。

（12）调版控制原理。各色组安装轴向和周向调版电机8个，有的印刷机还装有调斜电机，通过遥控操作台上显示屏显示状态。轴向调版电机位于印刷机各色组左侧，周向调版电机安装在各色组的传动侧。调版的轴向调版范围为±2.5mm，周向调整范围为±1.5mm。调版电机采用直流24V伺服力矩电机，这种电机过载能力强，在低速时输出的力矩大。

第三节 进口胶印机电气控制实例

一、海德堡 SM102V 四色胶印机电路

德国海德堡 Speedmaster 单张纸印刷机有16种不同的型号。单就印色而言，就有双色、四色、五色和六色之多，印刷幅面尺寸也有多种规格。此外，还有印刷普通用纸及卡纸之分。这些型号的印刷机的电气系统基本相同。这种机器生产可靠性高，操作简单，效率高，最高印刷速度可以达到10000张/小时。我国大中型印刷厂应用较多。该机自动化程度高，电气控制复杂。下面以102V型四色胶印机为例，对其电气控制的几个重要部分进行分析。

考虑到德国的电器符号与我国标准有些区别，附上一张电气图形符号对照表4-4，便于大家识图、绘图以及进行原理分析时参考。

1. 电气系统的组成

（1）主传动电动机。如图4-26所示，拖动印刷机的主机运转有两部分：其中高速运转的传动部分由三相整流子电机 m_1、调速电机 m_2、风冷电机 m_{150} 组成，与主机主轴连接，该部分的转速是连续可调的，并有定速前与定速扣的两种运转速度；第二部分是

低速运转部分,是由三相异步电动机 m_{100} 及变速传动机构组成,由电磁离合器与主机主轴相连接,在传动过程中高速与低速只能分别运转。

表4-4 中国和德国常用电气符号对照表

国别\名称	热动触点	选择开关	按钮	限位开关	拉拔开关	微动开关	延时触点
中国	FR	SA	SB	SQ	SA	SQ	KT
	a	b	b	b	b	b	d
德国							

国别\名称	继电器	接触器	时间继电器	熔断器	指示灯	电铃
中国	KA	KM	KT	FU	HL	HA
	d	c	d	e	h	h
德国						

国别\名称	电磁制动器	电磁离合器	电磁铁	光电探头	交流测速发电机	直流测速发电机
中国	YB	YC	YA		BR	BR
	s	s	s	RL	G	G
德国						

三相整流子式异步电动机在第二章中介绍过。它属于转子馈电式,能在恒定转矩和规定的调速范围内作均匀的无级调速,具有调速范围广、启动性能好、负载功率因数高的以及速度调节精密等优点。

(2) 辅助电动机。该机器除了主电动机外,还有配合主机工作的其他辅助电动机十多台,如图4-26所示,其中有输纸气泵电机 m_{11},传纸吹风泵 m_{68},主给纸台升降电机 m_4,水斗电机 m_{63},副给纸台升降电机 m_{20},空压机电机 m_3,收纸台升降电机 m_5,吸纸毛气泵电机 m_{10}、m_{69}、m_{83},喷粉泵电机 m_7,平纸气泵电机 m_{19a},油泵电机 m_{22}。

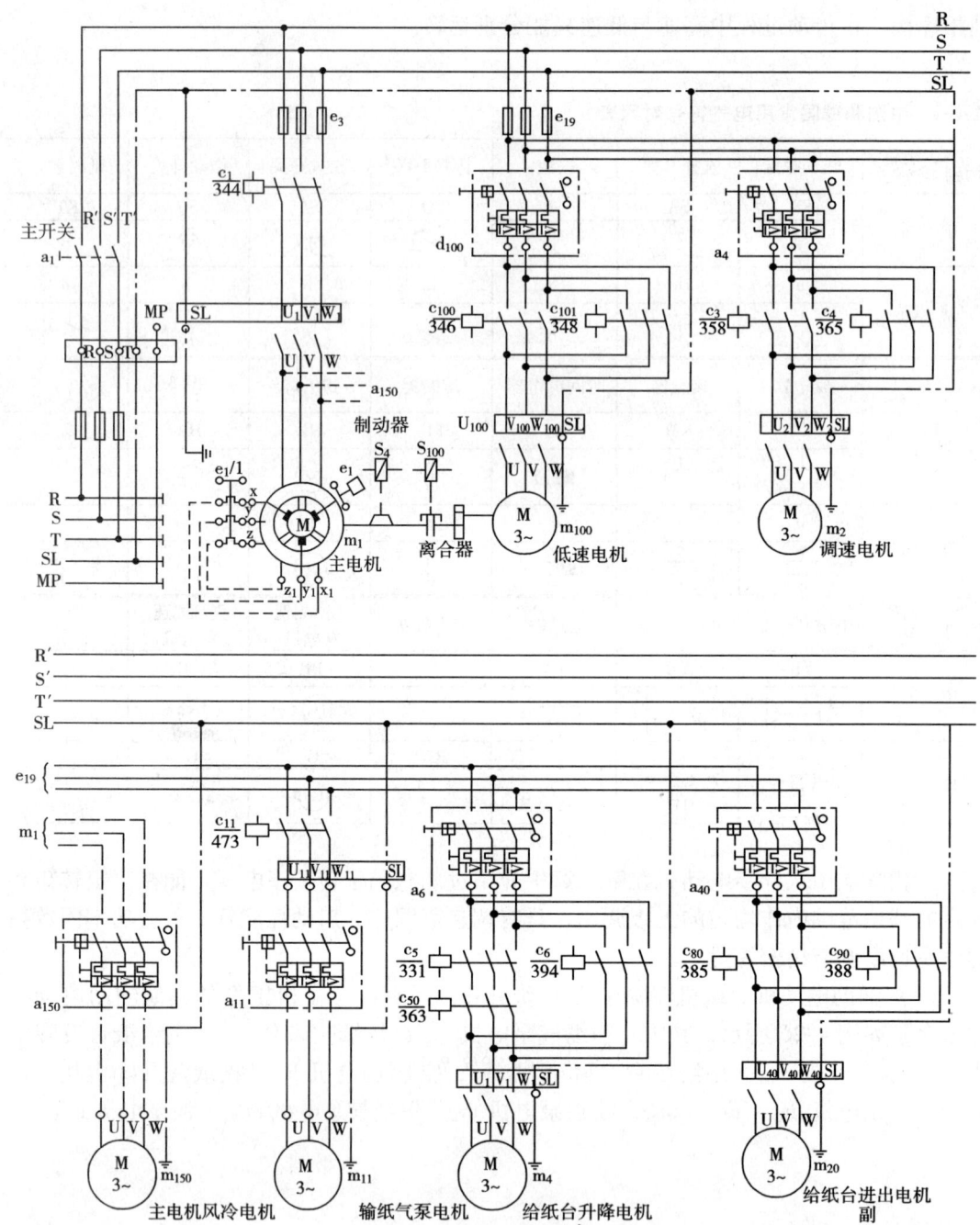

图 4-26（a） 海德堡四色机主电路 1

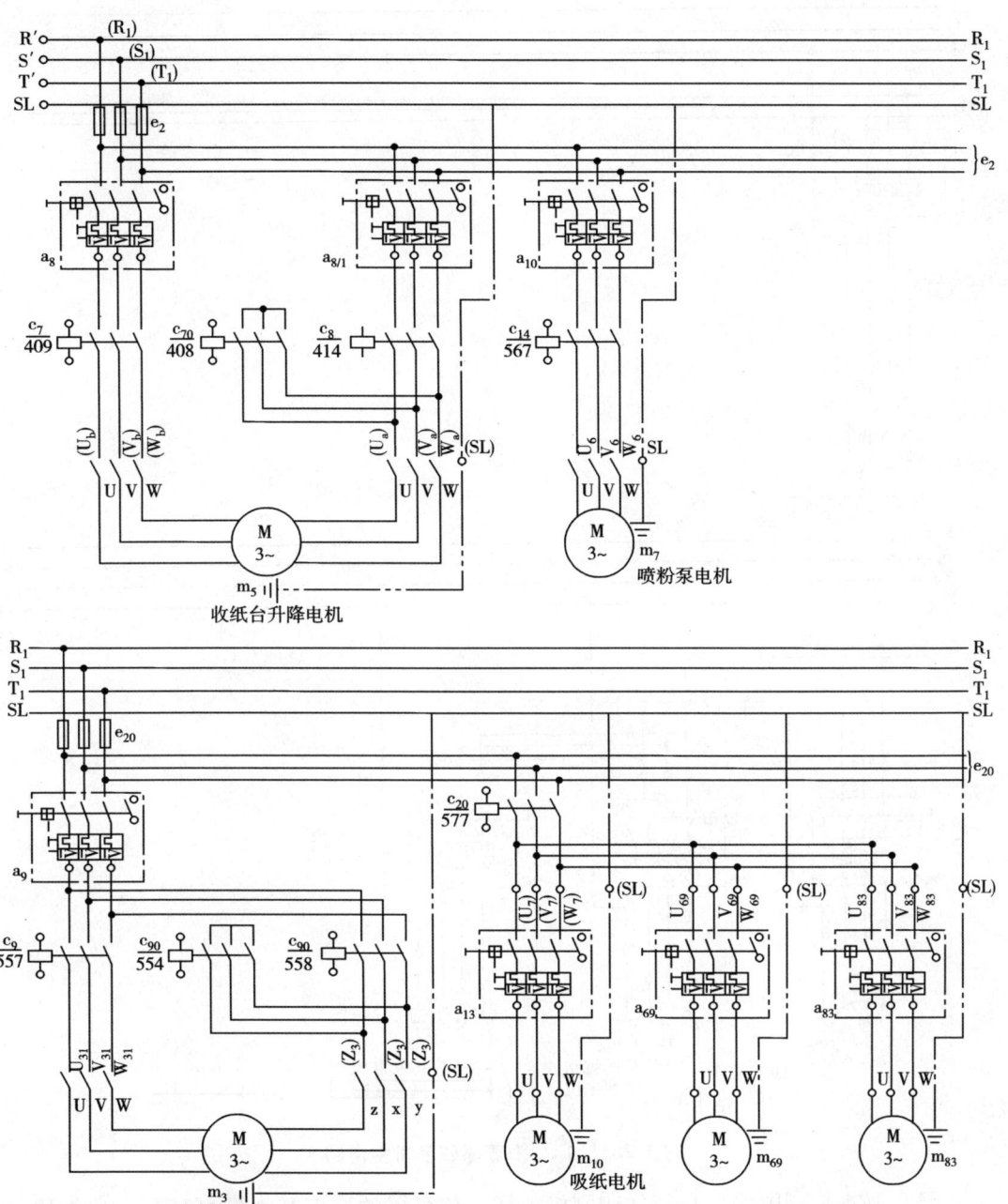

图 4-26（b） 海德堡四色机主电路 2

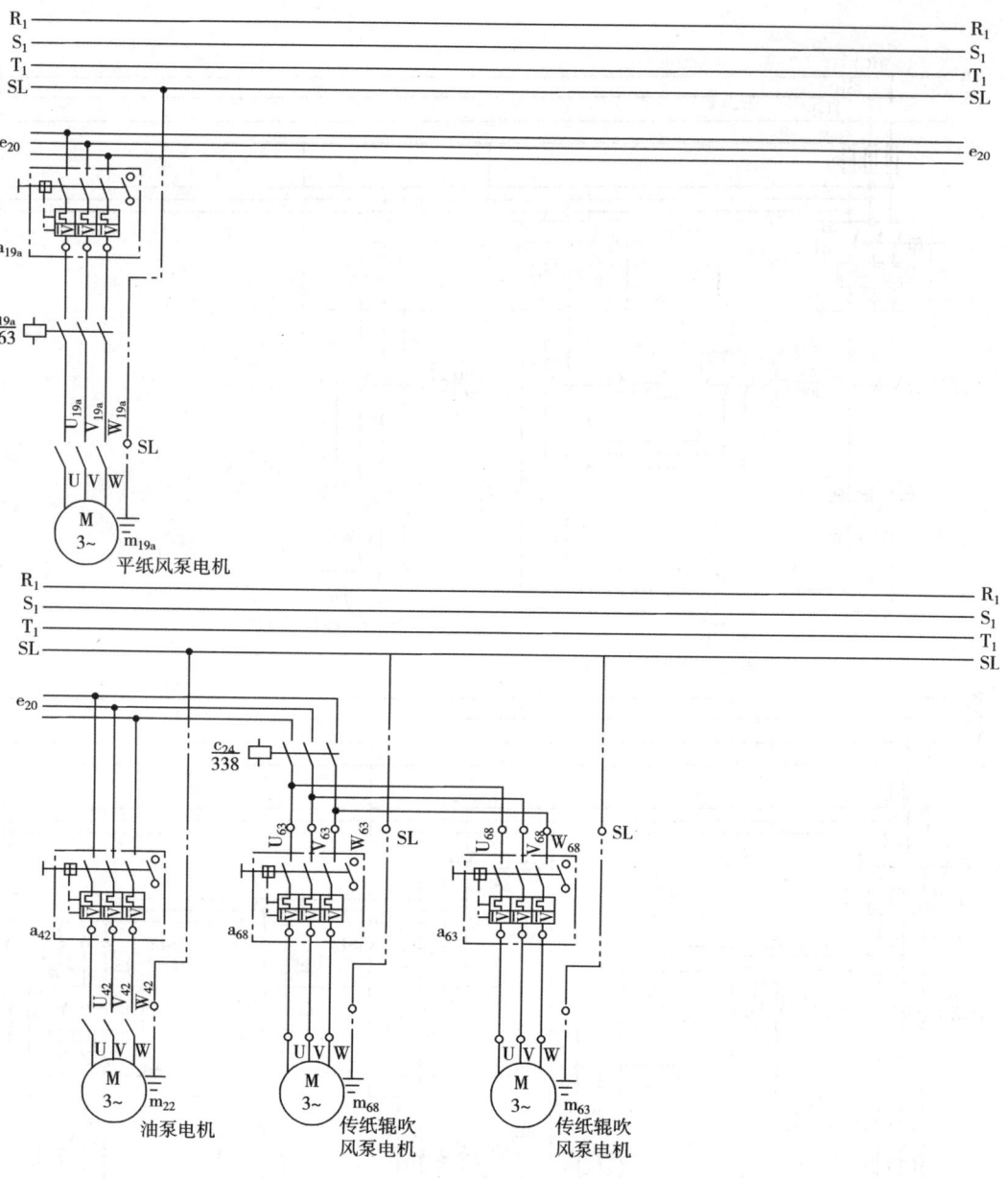

图 4-26（c） 海德堡四色机主电路 3

（3）基本控制电路。与其他印刷机一样，该机器的许多基本控制环节，如主传动、给纸、印刷、收纸、纸张故障等，全部实现了自动化。这些电路功能齐全，在设计上有许多独到之处。对于这些基本控制电路，将作为本节主要内容详细讨论。

（4）其他电路。在印刷过程中，诸如进纸、合压、给水、给墨、油泵及计数等一系列过程的通、断、给、停、合离等动作，都受到纸张正常与否的检测信号的直接影响，再通过继电器、电磁铁等执行机构进行动作转换。

出水量的控制，由收纸部分中央控制装置及各印刷色组出水量按钮直接控制。出水量除用人工预调方式控制外，同时还有跟踪主机运转速度变化而变化的随动控制，主机运转快，出水辊转速亦快，出水量越大；反之，车速慢，出水辊转速亦慢，出水量就小。它是由直流电机作动力，并由测速电动作反馈进行自动调速的。

出墨量的控制及印刷品套印控制，均由 CPC 控制系统进行的，墨量调整有局部量调整和整体量调整两种。有四只墨辊电机分布在四个色组，128 只墨斗电机分布在四个色组的墨斗部分，受控制台"+"、"-"按钮操纵实现墨量调整，并上发光二极管显示。套印调整有周向调整和轴向调整，也受控制台"+"、"-"按钮的控制，分别由装在滚筒上的 8 只直流电动机执行。

此外，还有前规纸张检测器 U_2 通过光电检测头 RL_2 监视纸张输送情况。合压控制器 HE_{24} 分别对 Ⅱ、Ⅲ、Ⅳ 色组合压、离压进行控制。GTK 能对纸张输送过程中纸张故障检测控制和及时停车。

该机器还有比较完善和装在各个部位的安全、防护、保险等各种限位开关，可保证机器正常运转。电路在许多关键性的控制部分采用了双继电器，增强了控制的可靠性。

2. 安全控制

该机器拥有完备的安全防护体系。只要其中的某个环节出了问题，就可使机器无法启动。如果机器已在运行中，则立即实行故障性停机。

（1）类型

①防护性控制。在许多传动机构中，都设有诸如防护罩、防护网、安全杆之类的保护装置。通过微动开关或者限位开关反映这些装置的就位情况：开关闭合表示就位，否则表示未就位。在图 4-27 中，Ⅰ 色组的 b_{30}、b_{115}、b_{130} 等，Ⅱ 色组的 b_{123}、b_{116}、b_{131} 等，Ⅲ 色组的 b_{125}、b_{127}、b_{132} 等，Ⅳ 色组的 b_{120}、b_{128}、b_{133} 等，收纸部分的 b_{150} 等都是这种开关。

这些开关都能直接控制继电器 $d_{83} \sim d_{98}$，使它们输出控制信号。

②安全操作控制。该机器的操作部位共有六个：主操作台（给纸部位），Ⅰ、Ⅱ、Ⅲ、Ⅳ 色组和收纸部位。同时在两个或两个以上部分操作是不允许的。这种安全操作的控制依靠设在这六个部位的安全开关 b_2、b_5、b_8、b_{11}、b_{134}、b_{245} 等实现，如图 4-28 所示。要在某处操作，则必须把该处的安全开关合拢。

这些开关可能过等继电器 $d_1 \sim d_4$、d_{25}、d_{30} 输出信号，直接参与控制或者通过其他继电器（$d_{95} \sim d_{98}$）参加控制。

③停锁性控制。这种控制依靠操作分别安装在 Ⅰ、Ⅱ、Ⅲ、Ⅳ 色组和收纸部位的停锁按钮 $b_{146} \sim b_{156}$ 来实现。这种按钮通过继电器 $d_{87} \sim d_{91}$ 和 d_{112}、d_{112a} 输出控制信号。

④低速启动控制。该控制依靠开关 b_{34} 实现。控制信号由继电器 d_{34} 输出、只有当主电机的电刷处在低速的极限位置时 d_{34} 才闭合。

上述所有开关及其所在位置列在表 4-5 中。

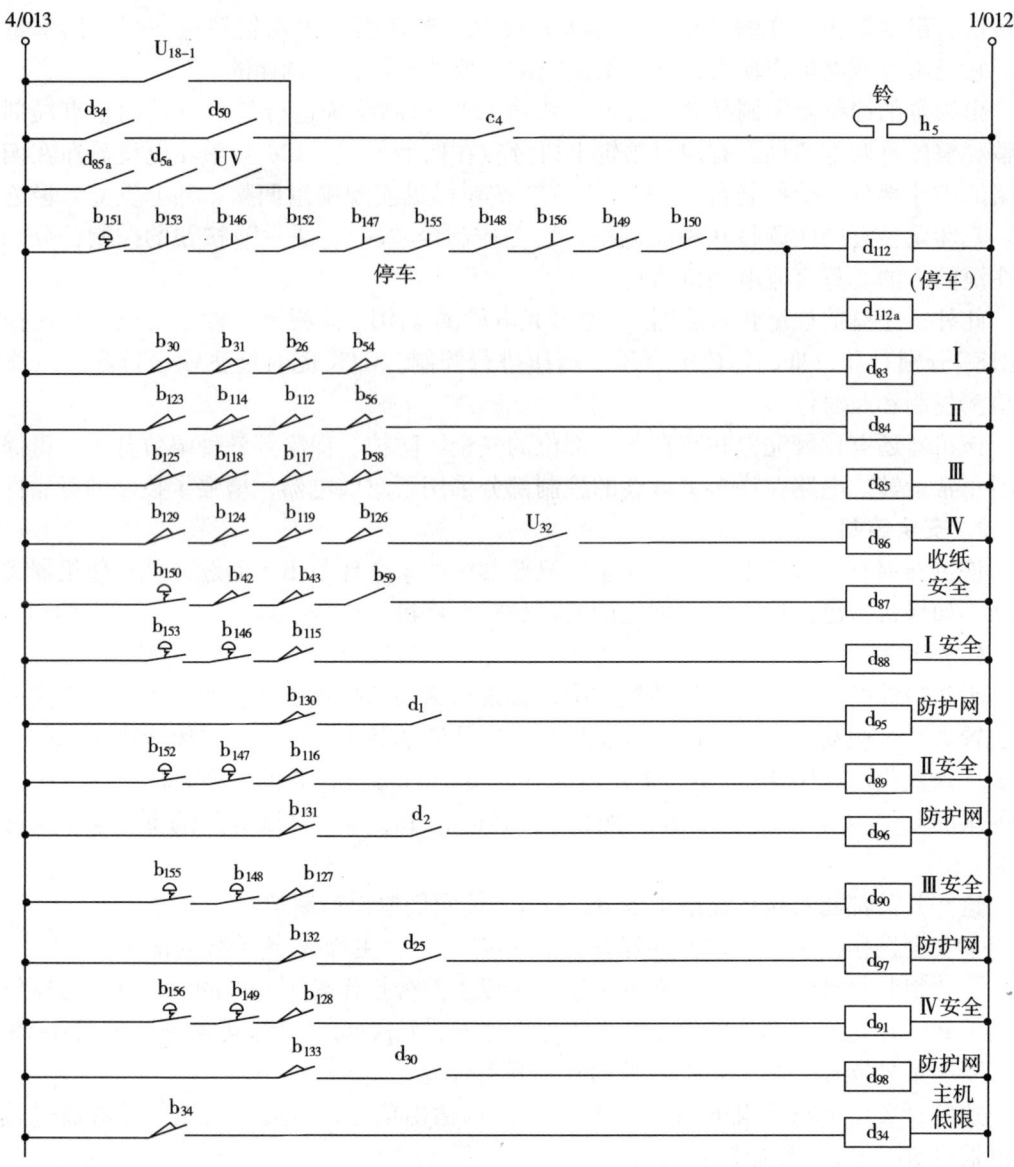

图 4–27　海德堡 102V 机控制电路 1

表 4–5　海德堡 102V 的开关及其所在位置

开关	位置	继电器	开关	位置	继电器
b_{30}	I 色墨辊	d_{83}	b_{125}	III 色墨辊	d_{85}
b_{31}	I 色靠版辊	d_{83}	b_{118}	III 色靠版辊	d_{85}
b_{26}	I 色润版辊	d_{83}	b_{117}	III 色润版辊	d_{85}
b_{54}	I 色抓手保护辊	d_{83}	b_{58}	III 色抓手保护辊	d_{85}
b_{123}	II 色墨辊	d_{84}	b_{129}	IV 色墨辊	d_{86}
b_{114}	II 色靠版辊	d_{84}	b_{124}	IV 色靠版辊	d_{86}
b_{112}	II 色润版辊	d_{84}	b_{119}	IV 色润版辊	d_{86}
b_{56}	II 色抓手保护辊	d_{84}	b_{126}	IV 色抓手保护辊	d_{86}
b_{150}	收纸抓手保护辊	d_{87}	b_{156}	IV 色组操作面	d_{91}

续表

开关	位置	继电器	开关	位置	继电器
b_{42}	收纸保护网 I	d_{87}	b_{149}	Ⅳ色组传动面	d_{91}
b_{43}	收纸保护网 II	d_{87}	b_{128}	Ⅳ色组滚筒防护罩	d_{91}
b_{153}	I色组操作面	d_{88}	b_{133}	Ⅳ色组防护网	d_{98}
b_{146}	I色组传动面	d_{88}	b_{34}	主电机	d_{34}
b_{115}	I色组滚筒防护罩	d_{88}	b_{8}	主操作台	d_{3}
b_{130}	I色组防护网	d_{95}	b_{11}	收纸操作部分	d_{4}
b_{152}	II色组操作面	d_{89}	b_{2}	I色组	d_{1}
b_{147}	II色组传动面	d_{89}	b_{2a}	I色组	d_{1}
b_{116}	II色组滚筒防护罩	d_{89}	b_{5}	II色组	d_{2}
b_{131}	II色组防护网	d_{96}	b_{5a}	II色组	d_{2}
b_{155}	III色组操作面	d_{90}	b_{245}	III色组	d_{25}
b_{148}	III色组传动面	d_{90}	b_{245a}	III色组	d_{25}
b_{127}	III色组滚筒防护罩	d_{90}	b_{134}	Ⅳ色组	d_{30}
b_{132}	III色组防护网	d_{97}	b_{134a}	Ⅳ色组	d_{30}

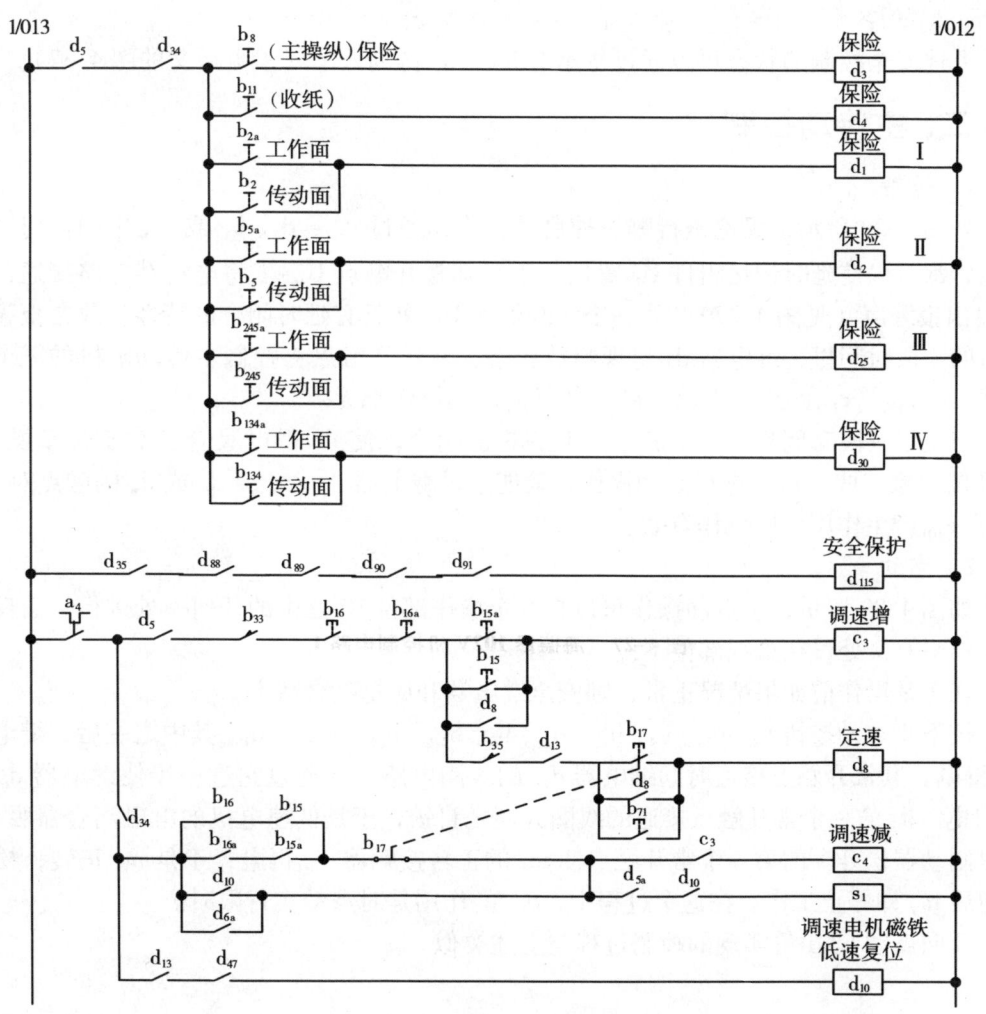

图 4-28　海德堡 102V 机控制电路 2

第四章　印刷机电气控制

(2）联锁关系。由图 4-29 可知，继电器 $d_{83} \sim d_{87}$ 的控制级别最高，它们几乎对所有的启动用继电器进行了联锁。它们之中只要有一个释放，不管是哪一种启动操作：正点动、反点动、慢长车或运转，都一概无效。

d_{34} 的控制级别也很高。由于它分别对安全继电器 d_{243}、d_{243a} 与运转准备继电器 d_{92} 进行了联锁，所以它释放时，一切启动操作也归无效。但若是在机器运转后由于增速而使之释放，则不会造成故障性停机。

至于 $d_{88} \sim d_{91}$ 这四个继电器，由于它们对 d_{92} 和慢长车继电器 d_{35} 实行了联锁，影响慢长车和运转操作的效果是肯定的。而它们对点动操作是否有影响，那要看它们所在部位的安全操作开关是否合上，即 d_1、d_2、d_{25}、d_{30} 是否得电。如果合上，则无影响。

继电器 $d_{95} \sim d_{98}$ 四对也进行联锁，因此只影响主电机的启动与否。

6 个安全操作继电器 $d_1 \sim d_4$、d_{25} 和 d_{30}，它们对 6 个操作部位的慢车操作电路实行了联锁，使得任何一个部位的操作只有在这样两个条件下才有效：本部位的安全操作开关合上；其余所有部位的安全操作开关关断。另外，这些继电器中还分别参与对 d_{243}、d_{243a} 和 d_{92} 的控制。

上述安全控制的状态可以通过指示灯 $h_{73} \sim h_{77}$ 得到显示（参见后文的图 4-37）。

二、主传动控制

1. 报警

如图 4-29 所示，无论进行哪一种启动操作，通过 d_{6a}、d_7、b_{14} 或 b_{14a} 中的任何一个触点，都可以使延时记忆组件 U_{18} 置位，于是其常开触点 U_{18}-Ⅰ将电铃铛电路接通，使 h_5 发出报警声（见图 4-27）。另一个常开触点 U_{18}-Ⅱ具有延时闭合的特性，故在报警开始后的一段时间里，继电器 d_{22} 呈现释放状态，其常开触点将控制主传动电机的三个接触器 c_1、c_{100}、c_{101} 的线圈电路分断，使任何启动操作都无效。

待过了一段时间后，报警声止，U_{18}-Ⅱ也闭合，使 d_{22} 得电吸合。对于长车操作，d_{22} 还能自锁。此时再次进行启动操作，就能通过继电器 d_{5a}、d_{5b}、d_6 或 d_7 的触点对 c_1、c_{100} 或 c_{101} 产生作用，即操作有效。

2. 点动

如图 4-29 所示，正点动操作可以在 6 个操作部位 10 处中的任何一处进行，而反点动操作只有 9 处，在给纸部位不设反点动。

在正常操作前如果情况正常，则安全继电器和应呈吸合状态。

按下正点动按钮 b_3、b_{3a}、b_9、b_{12}、b_{6a}、b_6、b_{246}、b_{246a}、b_{138}、b_{138a} 其中之一后，继电器 d_{244} 得电，其常开触点接通时间继电器 d_{210} 的线圈电路，并通过它进一步使继电器 d_6 和 d_{6a} 得电。d_6 的一个常开触点接通的线圈并使之自锁，于是低速电机的电磁离合器吸合，同时制动器松开。的第一个常开触点使 m_3 的正转接触器 c_{100} 得电，于是 m_3 正转，松开按钮后 m_3 即停止工作。在这个过程中，d_{210} 的作用是对点动实行限时。

反向点动 b_4 由等实现的控制过程与上述类似。

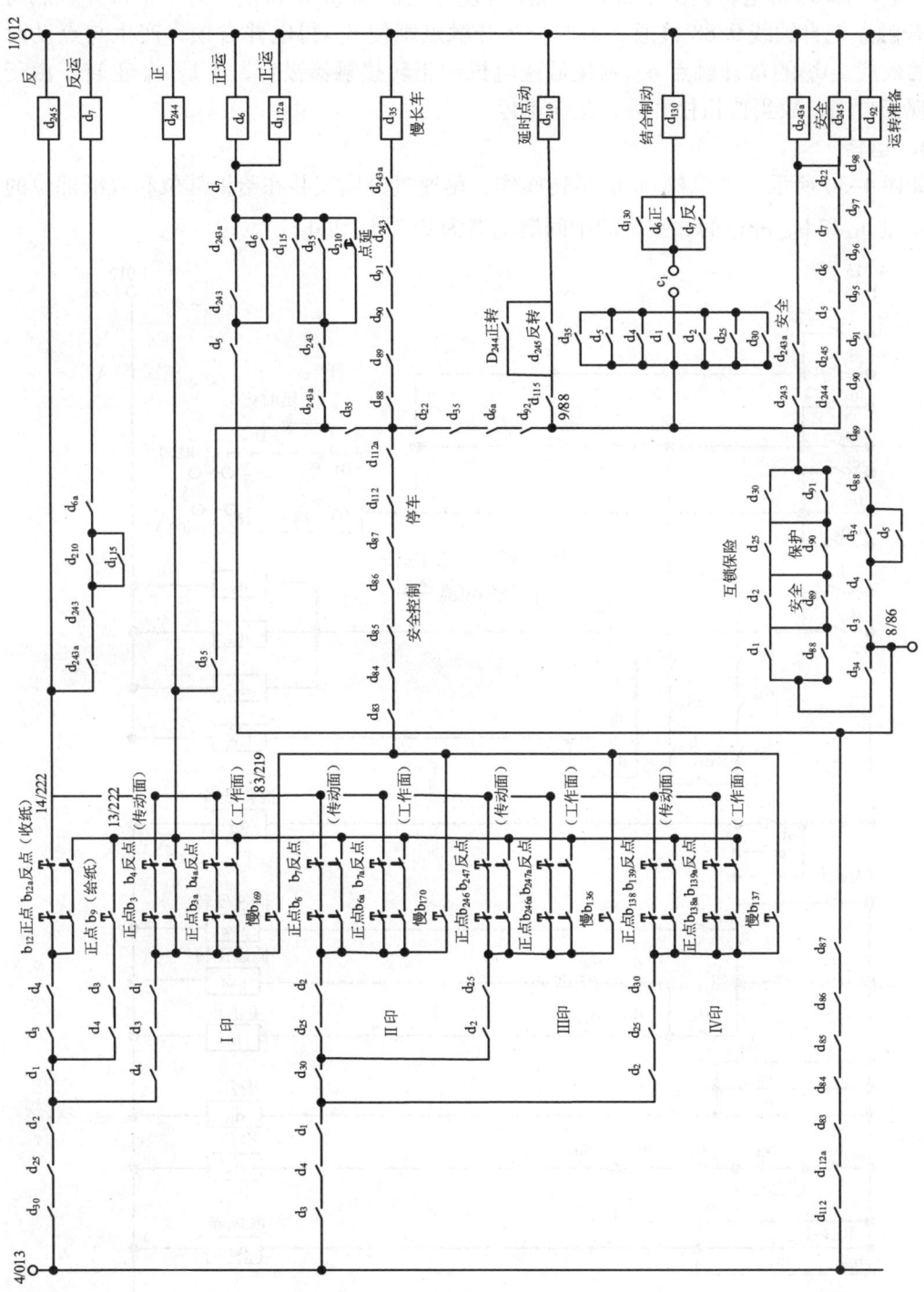

图4-29 海德堡102V机控制电路3

3. 慢长车

慢长车只能在四个色组进行操作，当按下慢长车按钮 b_{169}、b_{170}、b_{136}、b_{137} 其中之一时，继电器 d_{35} 得电，其两个常开触点闭合使继电器 d_6 和 d_{6a} 得电。另一个常开触点与 d_{6a} 常开触点把自锁线 9/88 接通。第四个常开触点则使 d_{130} 得电并自锁，产生与点动时相同的效应。d_6 的常开触点 c_{100} 则使低速电机的正转接触器吸合，于是 m_3 正转。由于已实现了自锁，故当按钮松开后，运转不停。

4. 运转

如图 4-30 所示，主电机 m_1 的运转操作，是通过分别安装在给纸部位和收纸部位的两个按钮 b_{14} 和 b_{14a} 进行的。主要的中间继电器为 d_5、d_{5a} 和 d_{5b}。

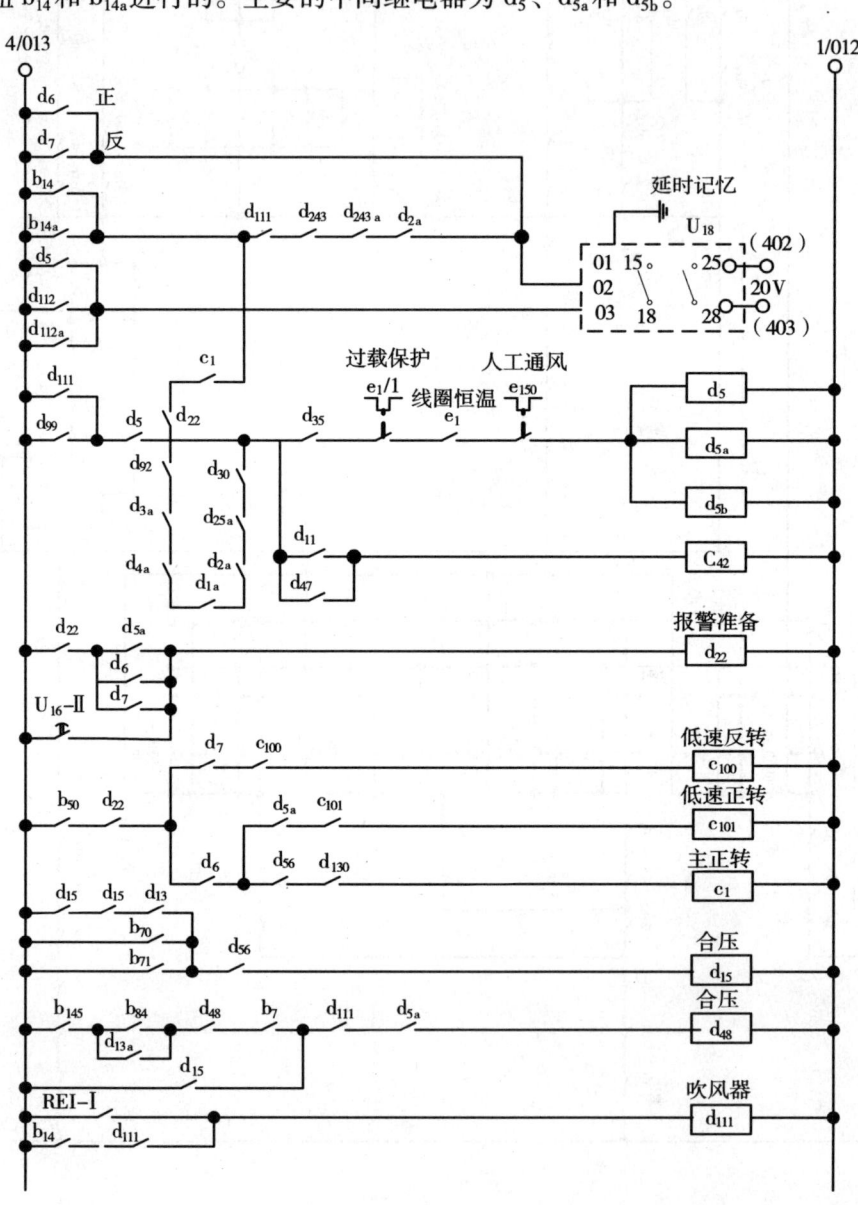

图 4-30　海德堡 102V 机控制电路 4

为使操作有效，慢长车必须停止，即 d_{35} 应失电。同时风冷电机自动开关中的热保护触点 e_{150}、主电机绕组的热保护触点 e_1 和过载保护开关 e1/1 均需处在闭合状态。所有的安全操作开关都断开，故运转准备继电器 d_{92} 吸合，停机指示灯 h_{72} 熄灭，运转准备指示灯 h_{71} 亮。

按下 b_{14} 或 b_{14a} 后，d_5、d_{5a}、d_{5b} 得电。若 d_{111} 的常闭触点或 d_{111} 的常开触点闭合，则 d_5 等能自锁。d_{5a} 的常闭触点立即切断 c_{100} 的线圈通路，d_{5b} 的常开触点则接通主电机接触器引线圈电路的一处。而 d_5 的一个常开触点使 d_6、d_{6a} 得电并自锁，通过 d_6 的常开触点使 c_1 得电，d_6 的第二个常开触点把制动器 s_4 的电源接通，即把刹车松开，于是主电机便运转起来。

吸合后 6 个安全操作继电器 $d_1 \sim d_{30}$ 的线圈电路全部被切断，这可保证在运转后，一切慢车启动操作都无效。

此外，d_5 等三个继电器的常开触点，还分别接通 d_{22} 的自锁电路、增速电路、气泵电路等多处。

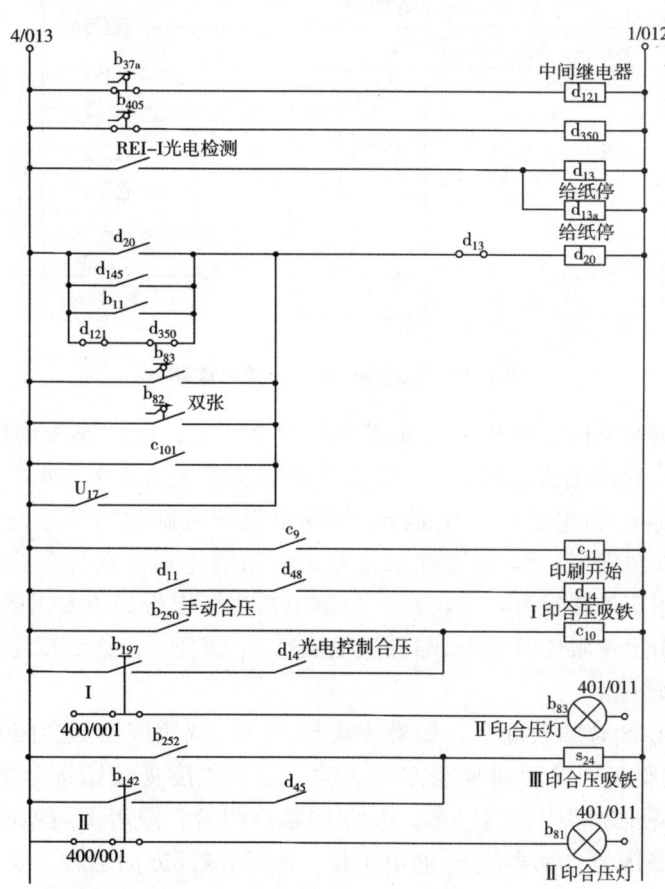

图 4-31　海德堡 102V 机控制电路 5

5. 主电机的调速与定速

三相整流子主电机 m_1 的调速主要依靠伺服电机 m_2 正、反向旋转以改变整流子碳刷位置即感应电动势 EK 与的 E_2 方向与夹角 α 来实现的。

主电机每次启动总是从低速极限开始,这是由于每次停机时继电器总能自动复位。主电机的调速控制电路由图4-28给出,下面分别分析增速和减速的控制过程。

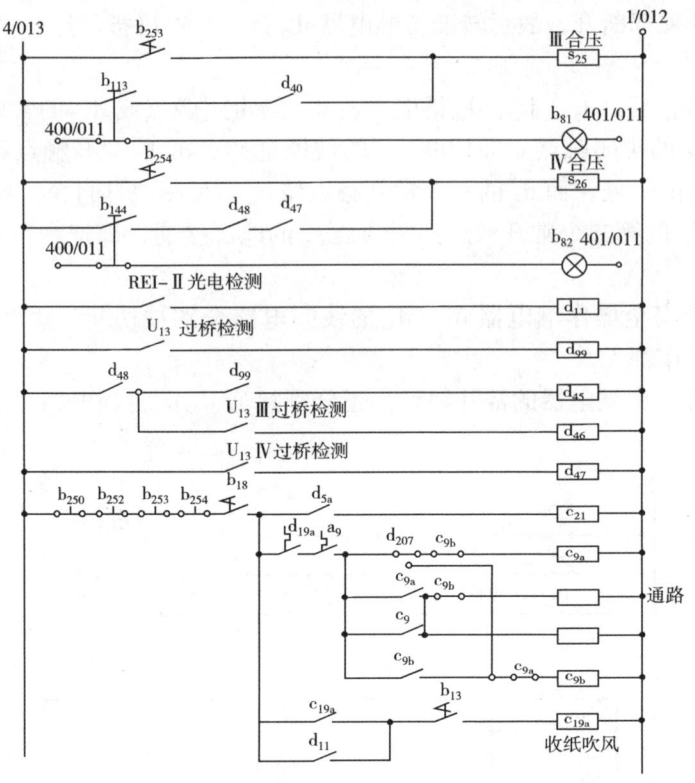

图4-32　海德堡102V机控制电路6

①增速。当调速电机自动开关 a_4 的热保护触点闭合,运转快慢选择继电器 d_5 的常闭触点亦闭合时(允许主机运转),在按动收纸部位增速按钮 b_{15a} 或给纸部位增速按钮 b_{15},都会使接触器 c_3 得电工作,于是 m_2 带动整流子碳刷朝增速方向旋转,增速的程度视按钮的时间长短而定。B_{23} 为增速限位开关,当增速到极点时会切断增速电源起保护作用。另外利用定速按钮 b_{17}、b_{71} 通过 d_8 继电器也可以得到所要求的预定速度,得到自动增速,到时由定速限位开关 b_{35} 与调速电磁铁 S_1 配合,在达到规定的速度时切断 d_8 和 c_1 的电源停止增速。

②减速。在 a_4 闭合的条件下,如果按动 b_{16} 或 b_{16a} 减速按钮,会使 c_4 通电工作。于是电动机 m_2 带动整流子碳刷朝减速方向转动,减速程度视按钮按动的时间长短而定。另外如果机器从高速运转中突然停车,d_{6a} 常闭触点闭合;或者 U_2 控制器给出输纸停信号时,d_{10} 常开触点闭合,都会使 c_4 通电工作。m_2 朝减速方向运转,实现自动减速直到碰到低速限位开关 d_{34} 切断 c_4 电源为止。

6. 停车与制动

如图4-27所示,在 b_{151} 等十来个串联的停车按钮中只要有一个被按下,停车继电器 d_{112} 和 d_{112a} 就释放,将 d_{35} 和 d_{92} 的线圈通路切断,使 d_5、d_6 等控制主传动的中间继电器均释放。因此无论机器处在慢车或运转、定速状态,都能使拖动电机 m_1 或 m_3 停止工作。同时由于 d_6 与 d_{130} 均失电，故刹车电磁铁 s_4 失电进行制动，使主机急速停下来，又因 d_{92} 释放，停机指示灯 h_{72} 亮，运转指示灯 h_{71} 灭。另外，在 d_{112} 和 d_{112a} 释放后，纸台自动升、降控制电路的电源也被切断，如图 4-33 所示。

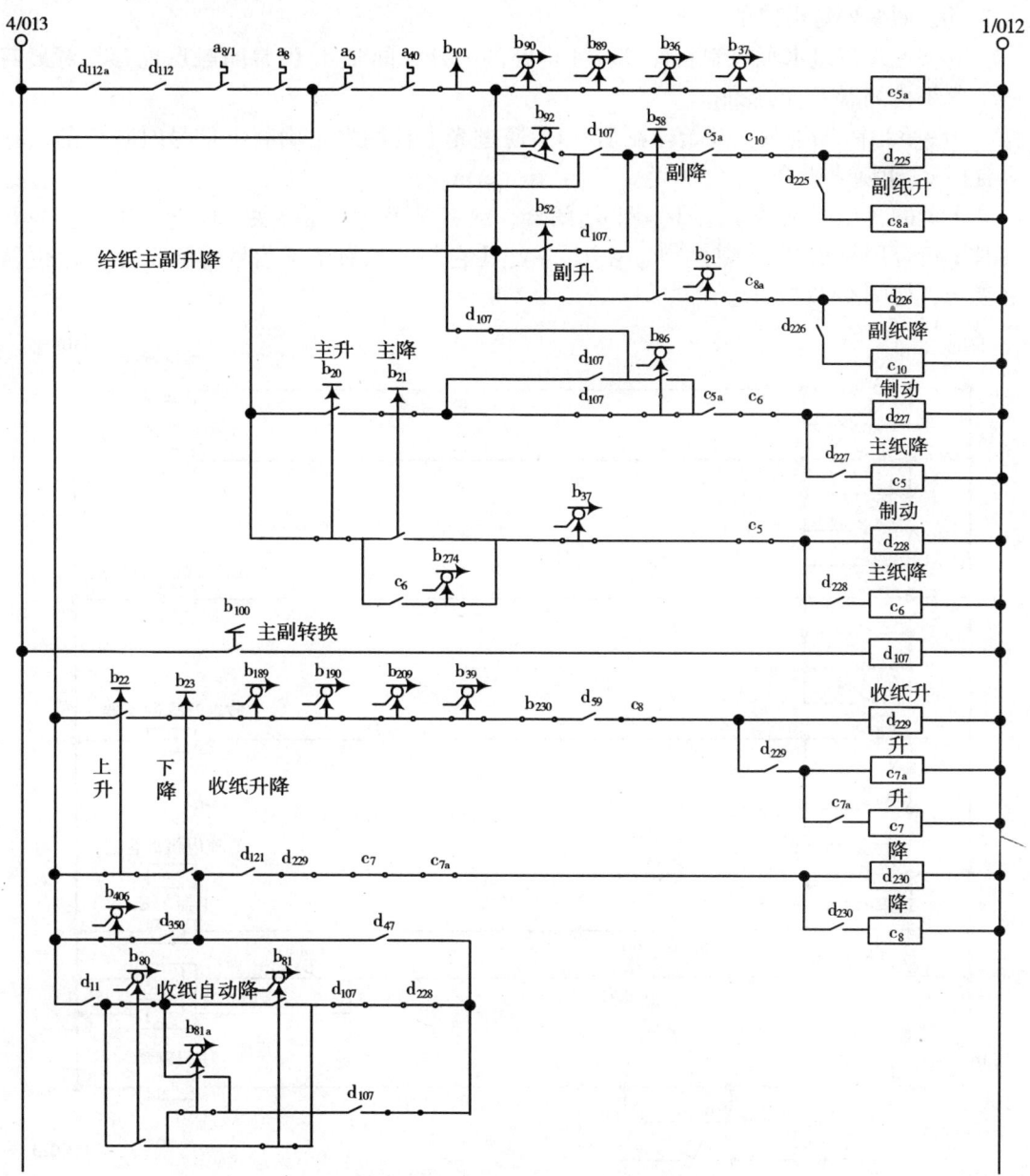

图 4-33　海德堡 102V 机控制电路 7

三、合压

当合压按钮 b_{70} 或 b_{71} 两者之一接通时，就启动了 d_{15}，然后促使 d_{48} 吸合如图 4-30 所示。d_{48} 吸合后，除进行自锁外，它的其他几个常开触点闭合，产生下列结果：

①接通 d_{14} 线圈电路的一处为 I 色合压做好准备；

②接通 d_{45}、d_{46} 线圈电路的一处，为Ⅱ色、Ⅲ色合压做准备；
③接通电磁铁 s_{26} 线圈电路一处，为Ⅳ色合压做准备；
④使喷粉电机 m_7 的接触器 c_{14} 得电，于是 m_7 开始工作；
⑤接通紫外灯电路的一处；
⑥接通Ⅳ色组水辊控制装置 U30/4 电路的一处，同时 d_{48} 的常闭触点也参与对最后一个色组检测器 U_{32} 的控制。

图 4-32 中的 d_{11} 是在开始印刷后，U_2 通过光电检测发出确有纸信号时吸合的，它吸合后 d_{14} 也随之吸合。

Ⅰ色的合压电磁铁 s_{10} 在 b_{197} 和 d_{14} 闭合，或者是手动合压开关，闭合时工作。与此同时Ⅰ色合压指示灯 h_{83} 熄灭。d_{99} 在 U_{13} 给出Ⅰ色组开始有给纸信号时便吸合，d_{45} 也随之吸合，如图 4-32 所示。

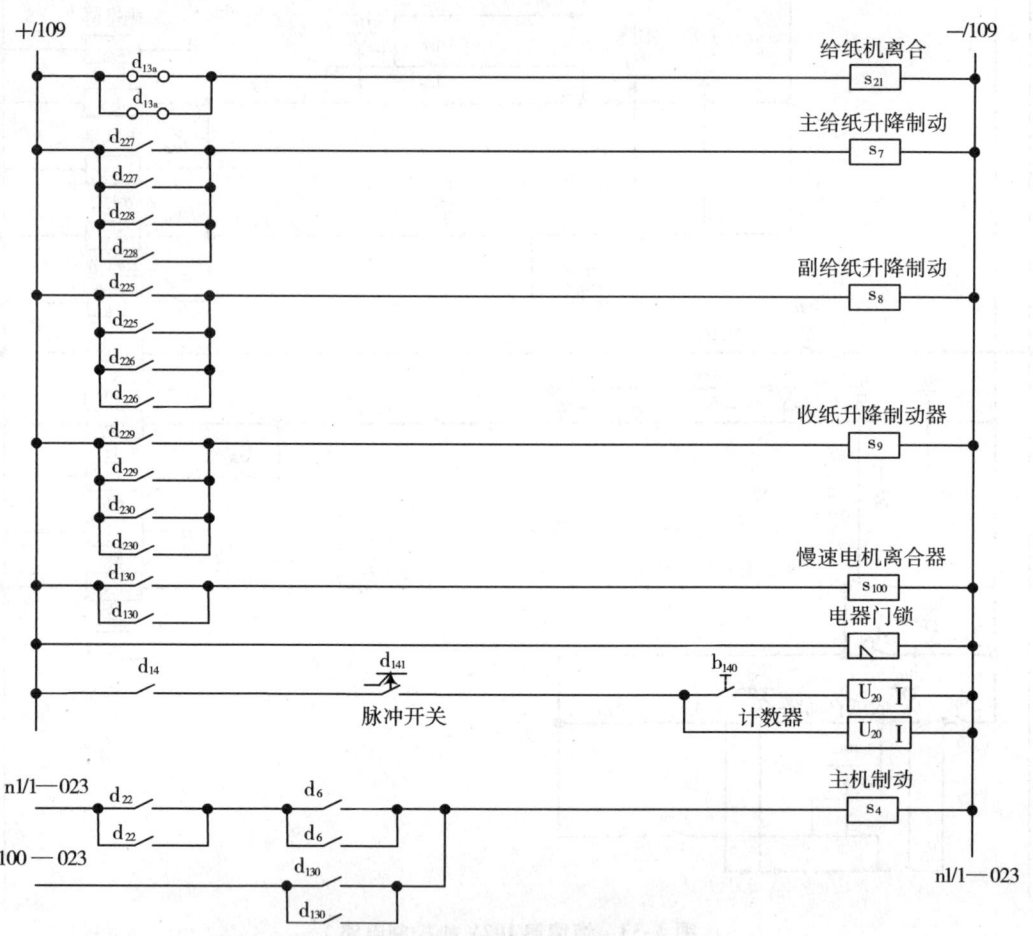

图 4-34　海德堡 102V 机控制电路 8

Ⅱ色的合压电磁铁 s_{24} 在 b_{142} 和 d_{45} 闭合，或者是手动合压 b_{252} 开关闭合时工作。与此同时Ⅱ色的合压指示灯 h_{80} 熄灭。d_{46} 在 U_{13} 给出Ⅱ色组开始有纸信号时便吸合工作。

Ⅲ色的合压电磁铁 s_{25} 在 b_{143} 和 d_{46} 闭合，或者是手动合压开关 b_{253} 闭合时工作。与此同时Ⅲ色的合压指示灯 h_{81} 熄灭。d_{47} 在 U_{13} 给出Ⅲ色组开始有纸信号时便吸合工作。

Ⅳ色组的合压电磁铁 s_{26} 受 b_{144} 和 d_{48}、d_{47} 闭合或者手动合压开关 b_{254} 闭合时工作。与此同时色组的指示灯熄灭。

有多种因素可引起 d_{48} 失电。一旦它释放,则四个色组全部离压。

四、纸张故障检测控制

图 4-35 中的 U_2 控制器是进纸前对纸张输送有检测功能的装置。它以光电探头 RL2、同步开关 AS 和输纸停继电器 d_{20} 的一个触点和输纸按钮 b_{84} 作为输入器件,由 RE1-Ⅰ、RE1-Ⅱ、RE1-Ⅲ 输出端分别控制继电器 d_{111}、d_{13} 和 d_{11},同时还直接控制着进纸电磁铁。

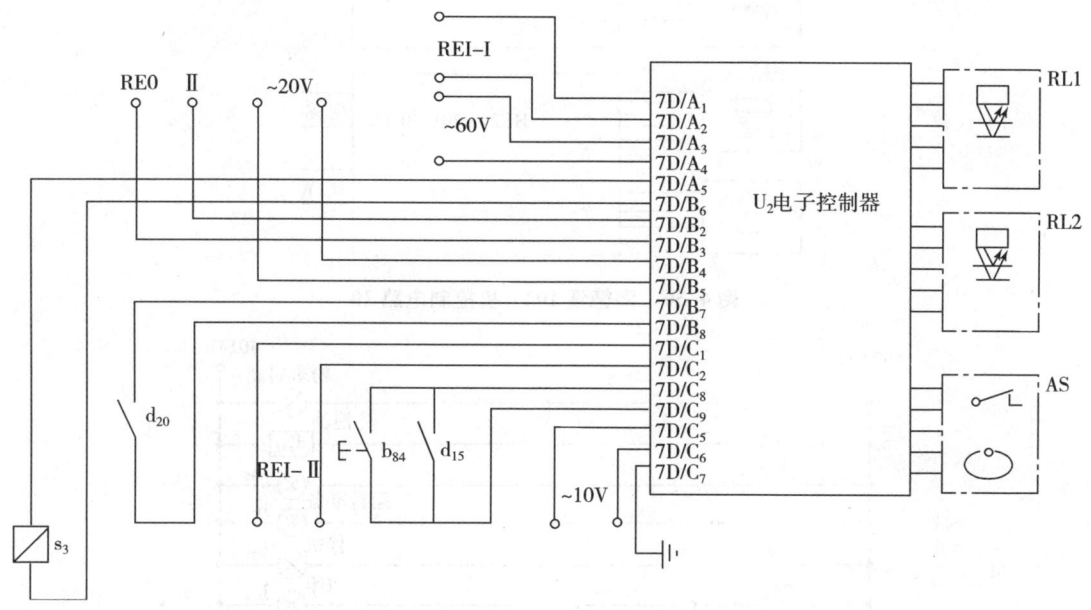

图 4-35　海德堡 102V 机控制电路 9

RL2 是由发光二极管及光敏管组成的光电检测头,主要功能是将纸张在前规和侧规定位情况,转换为电信号送入 U_2 电子控制器,再配合同步开关 AS 在需要检测的时刻产生一个控制信号。

U_2 控制器一方面接受 RL2 的纸张前规信号,另一方面还接受 d_{20} 继电器发出的双张检测信号或给纸停信号,并通过四个输出分别执行任务。具体执行情况表示如下:

纸张进入第Ⅱ、第Ⅲ、第Ⅳ色组的检测是由每个色组的控制器 HE24,通电光电检测头 REF74 完成的,如图 4-36 所示。REF74 设在每个色组的滚筒叼纸处,它将接收到的纸张信号,协同同步开关 AS 的同步信号向 HE24 控制器输入正常信号或故障信号,再由 HE24 输出端 U_{13} 作输出处理。纸张下在常传递时Ⅱ、Ⅲ、Ⅳ色组 U_{13} 控制合压的情况前面已经讨论过,接下来逐一分析纸张要传递过程中出现故障时的情况。

如图 4-31 和图 4-32 所示,当Ⅱ色组的 REF74 发现缺纸时或折叠时,向 HE24 Ⅰ 送入信号,输出点 U_{13} Ⅱ触点分断,于是继电器也释放,因而 d_{99} 也释放,电磁铁 s_{24} 失电,Ⅱ色组滚筒离压,Ⅱ色组传墨辊电机也停转。

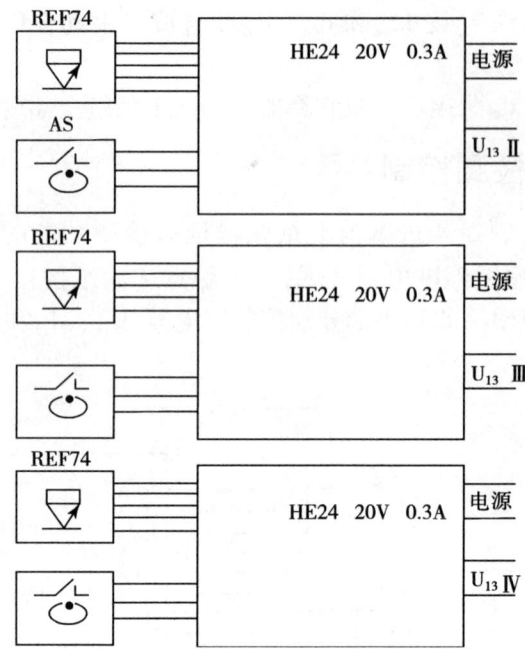

图 4-36　海德堡 102V 机控制电路 10

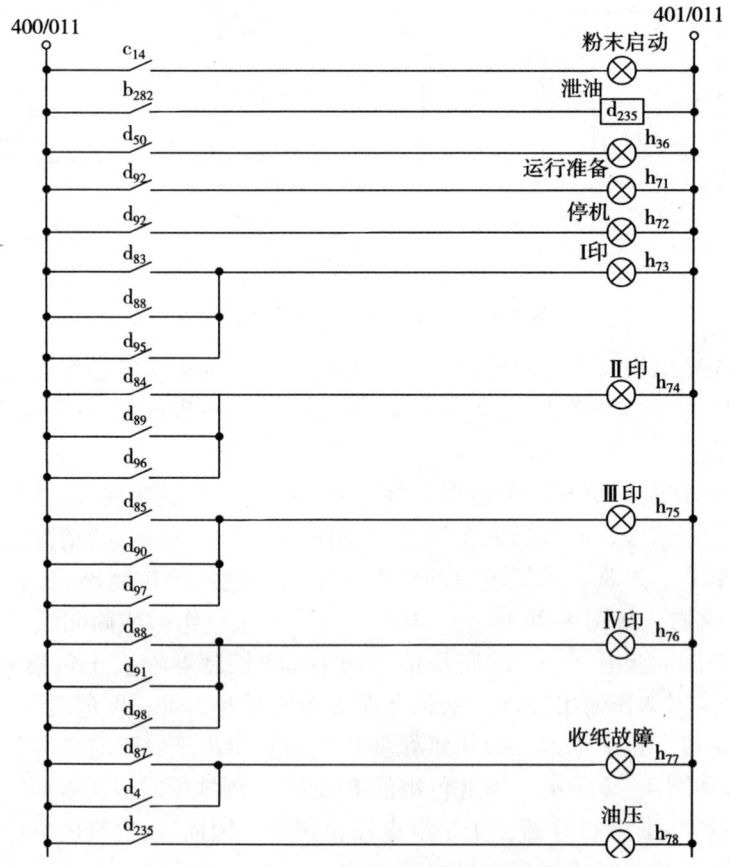

图 4-37　海德堡 102V 机控制电路 11

当Ⅲ色组 REF74 检测头发现与前面相同的纸张故障时，HE24 Ⅱ 的输出端 U_{13} Ⅲ 触点分断，使 d_{46} 失电，因而电磁铁 s_{25} 失电，Ⅲ色组滚筒离压，Ⅲ色组传墨辊电机也停转。

当Ⅳ色组出现缺纸时或折叠时，HE24 Ⅲ 的输出点 U_{13} Ⅳ 触点分断，使 d_{47} 失电，则收纸台自动降停止，电磁铁 s_{26} 失电，Ⅳ色组滚筒离压，Ⅳ色墨辊电机停止，断开接触器 c_{42} 线圈的电路，关掉紫外灯，接通继电器 d_{10} 电路的一处转入降速等其他系列处理过程。

另外在第四组处还设有电子控制器 U_{32}（GTK）（图 4-38）。它通过检测头 U_{32}-Ⅰ 对纸张传递过程中的卷纸、堆积等故障，由输出端 $U_{32}/16$ 通过安全继电器 d_{86} 实现停车。

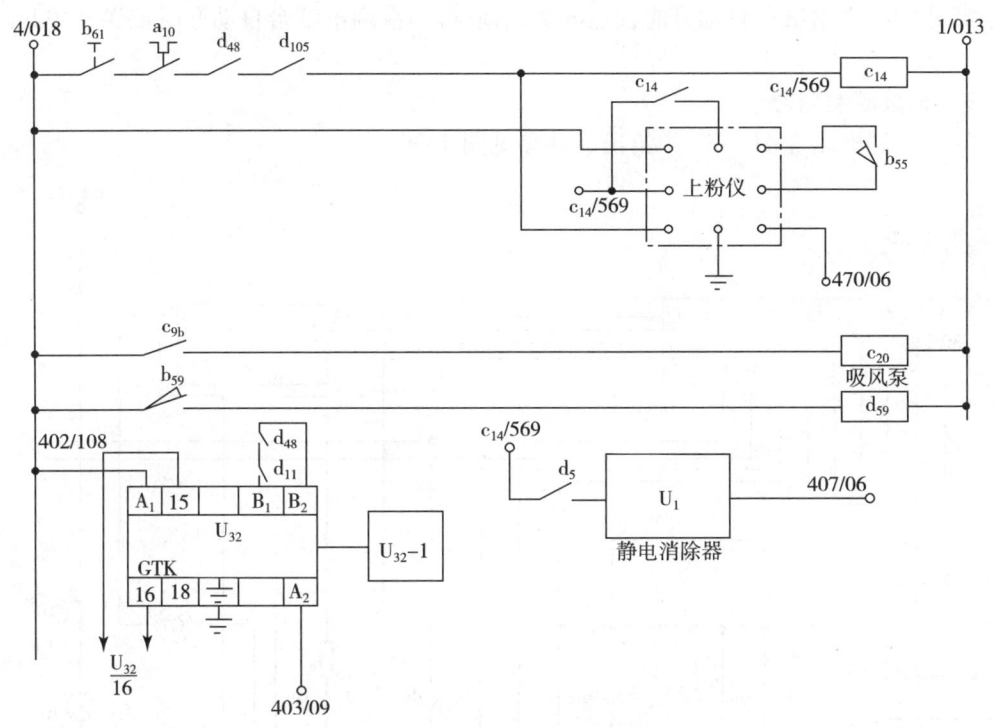

图 4-38　海德堡 102Ｖ 机控制电路 12

五、给纸与收纸部分的控制

1. 给纸台控制

为了能保证在不停机情况下进行装纸，本机在给纸部分设有主纸台和副纸台两套装置，分别由两套电路加以控制，由电机 m_4 和 m_{20} 拖动。

c_{5a} 是升纸准备继电器，它在 d_{112} 和 d_{112a} 继电器触点、电机热保护继电器触点 a_6 及 $a6/1$、纸堆高端限位开关 b_{90} 等都闭合时通电吸合。主给纸台和副纸台升降提供了控制条件，如图 4-33 所示。

d_{107} 是主、副收纸台自动升或手控升的选择继电器，由按钮 b_{100} 控制。

副纸台上升、副纸以下降、主台纸上升和主纸台下降分别通过 b_{52}、b_{53}、b_{20} 和 b_{21}

的操作来实现的。现将它们的控制过程分别表示如下：

电路中的开关 b_{91} 和 b_{37} 均用纸台下降时的低端限位。上述控制电路如图 4-33 和图 4-34 所示。

在印刷过程中由于纸张不断减少，微动开关对纸堆高度有检测功能，b_{92} 闭合便副纸台自动上升，b_{86} 闭合时控制主纸台自动上升。

2. 收纸台控制

收纸台的手动控制升降分别通过按钮来操作来实现，其控制过程如下：

由于 m_5 为变极电机，收纸台上升的速度比下降得快。纸堆的高端限位利用 b_{39}、低端限位 b_{37a} 利用通过继电器 d_{121} 来实现。

收纸台的自动降控制信事情来自两路：一路来自本处依靠开关 b_{80} 取得；另一路来自给纸处，当主给纸台自动升时依靠开关 b_{81} 取得，在副给纸台自动升时依靠开关 b_{81a} 取得。

3. 气泵控制电路

气泵控制电路在图 4-32 中给出，并参见图 4-39。

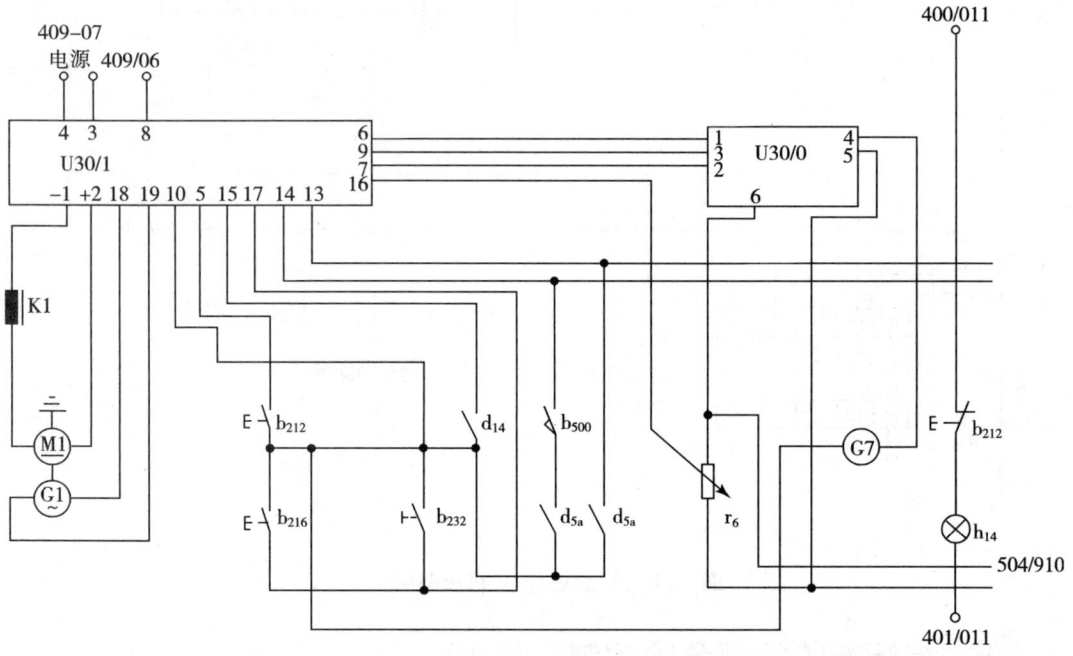

图 4-39　海德堡 102V 机控制电路 13

正常印刷时，在开关 b_{18} 合上后首先是接触器 c_{9a} 得电，通过它的常开触点，c_9 和时间继电器 d_{207} 也接着得电并自锁。在这段时间，因 c_9 和 c_{9a} 均吸合，电机 m_3 的定子线组作星形连接，于是该电机快速运转。同时，受 c_9 控制的另一个接触器 c_{11} 也吸合，使输纸泵电机 m_{11} 也开始工作。经过设定时间的延迟，d_{207} 的常闭触点分断使 c_{9a} 失电，而 d_{207} 的常开触点与 c_{9a} 的常闭触点又把 c_{9b} 的线圈接通。c_9 和 c_{9a} 同时得电后，转为三角形连接。由于 c_{9b} 的常闭触点分断，将 c_{9a} 的线圈电路进一步切断，d_{207} 也因此复位。c_{9b} 吸合的另一个结果是通过接触器 c_{20} 使收纸气泵电机 m_{20} 等也开始工作。

电路中的接触器 c_{19a} 用于控制平纸气泵电机 m_{19}。接触器 c_{21} 则用于控制收纸吸辊。

4. 输纸机控制

输纸机的运行是由按钮 b_{84} 控制的。当按钮 b_{84} 闭合时或者合压继电器 d_{15} 通电工作时，均向电子控制器 U_2 送入信号，U_2 的输出触点 RE1-Ⅱ 断开，d_{13} 和 d_{13a} 释放，输纸机离合器电磁铁 s_{21} 通电，输纸机与主机同步运转。

通过给纸部分的按钮 b_{145}，或收纸部分的按钮 b_{11}，以及双张检测开关 b_{82} 都能使 d_{20} 得电并自锁。由 d_{20} 的触点向电子控制器 U_2 送入信号，使 U_2 的输出线路 RE1-Ⅱ 接通，d_{13} 和 d_{13a} 得电工作。d_{13} 的常闭触点使电磁铁 s_{21} 失电，于是输纸机与主机脱离而停止运转。除此之外由 RE1-Ⅰ、RE1-Ⅱ、RE1-Ⅲ 输出所控制的内容与纸张故障所控制的内容相同，不再重复。

六、曼罗兰 700 控制系统分析

1. 控制系统概述

前面几节中我们都是对具体电路的控制原理进行了分析，而控制电路和其他品牌的印刷机也很相似，这里就不再进行分析。本节以曼罗兰 700 的控制系统为例，对印刷机的总的控制系统进行分析。图 4-40 为曼罗兰控制系统示意图，图中的 LSR 是 Leistandrechner 的缩写，指的是控制台上的计算机；RCI2L 指得是遥控连接；SPS 即 PLC 可编程逻辑控制；I/O 指得是输入/输出。

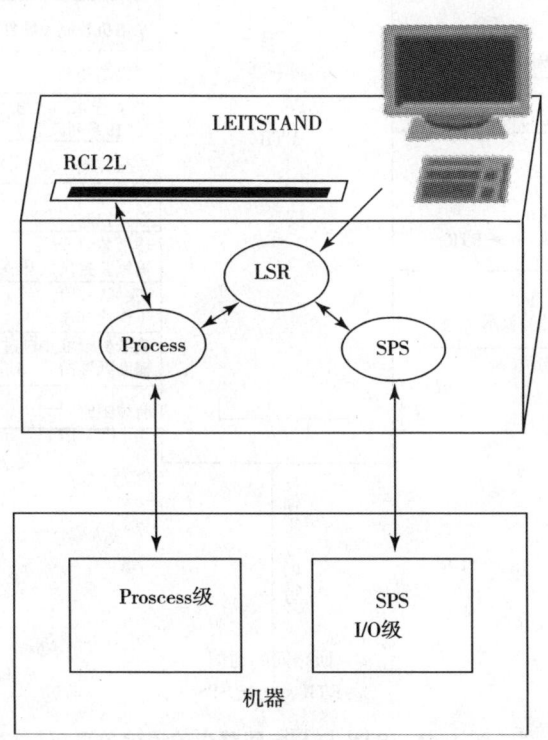

图 4-40 曼罗兰控制系统

2. SPS 级的功能

SPS 级的功能（如 R720）很强，具体控制分四个方面进行：

①UWR（监控 CPU），可以监控 SPS 系统中所有的安全功能，在 SPS 出错时 UWR 停下传动电机。

②SWR（德语 schoen und wiederdruck 的缩写，指双面印刷），SPS 可以通过 SWR 控制双面印刷的转换。

③利用 RTR 实时处理器的时间传感功能控制纸张传输步骤，以压印滚筒转过的角度为参考基准，确定印刷 0 点，从而控制压印滚筒离合压、输纸装置及其相关供气开关、纸张前缘控制、前规装置、空张双张控制、喷粉装置开关和检查样张的取出（从 S719 中取出）。图 4-41 是 RTR 的工作示意图，图中标明了 RTR 与 SPS 回路中的通信关系。

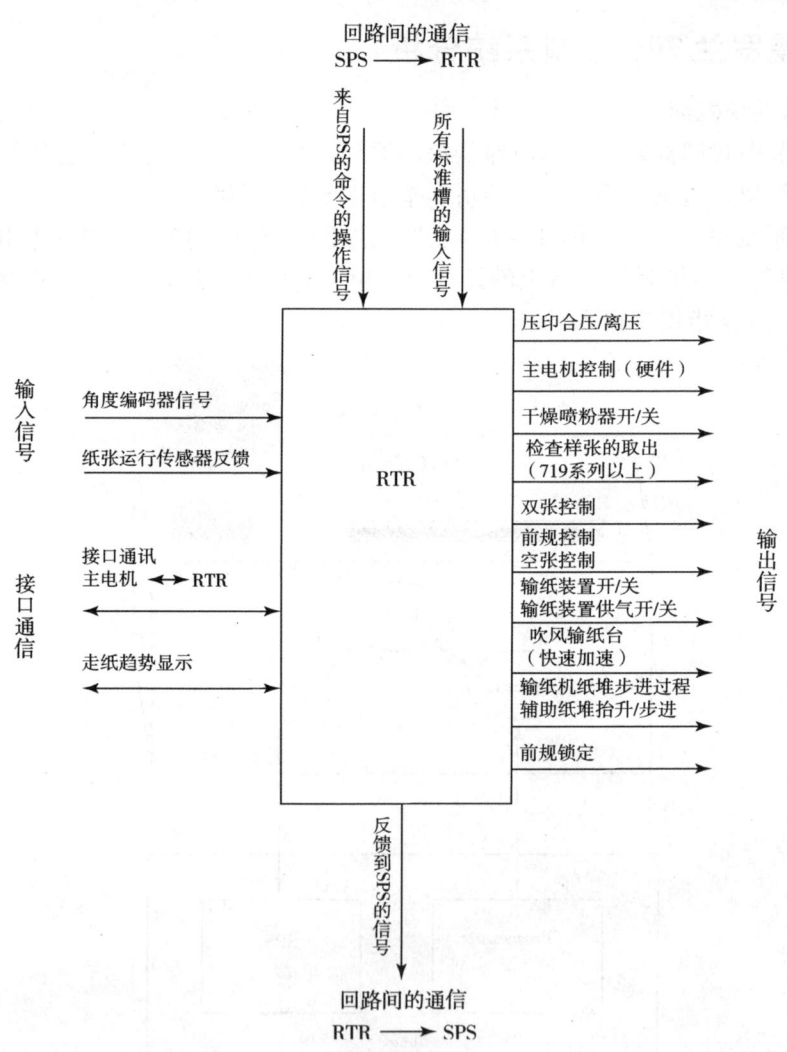

图 4-41　RTR 与 SPS 回路中的通信关系

④SPS 还可以进行机器释放、运行控制、护罩系统和安全电路；墨斗辊的离合压、水斗辊及上光辊控制；自动换版；生产及走纸过程；橡皮布、墨辊及压印滚筒清洗步

骤；输纸装置、纸堆向上向下；收纸控制；润滑系统；供气；辊子控制；控制面板；干燥装置接口等。

3. 工艺级功能（如：R700）

PROCESS 主要是控制工艺级功能，即印刷过程中的调节功能。其控制方面主要有定位电机收纸装置，即吸风辊幅面、纸张闯齐装置、叼纸牙开牙凸轮。定位传动输纸装置：输纸头高度及幅面、侧止动件、纸台板和输纸装置的计时。颜色控制台 RCL 2L、干燥喷粉器接口 MAVO、润版液冷却器接口、其他外围设备的接口。印刷机组：套准系统（周向套准/侧向套准/斜向套准）、墨斗键、传墨辊墨带宽度、匀墨、印刷压力、侧规、前规高度、叼纸牙开口凸轮）。

4. 控制系统的硬件设备

如图 4-42 所示，控制系统的硬件设备由以下几个部分组成：屏幕和薄膜键盘、磁带、读卡器、打印机（备选件）、CCI 计算机控制的输墨（备选件）、SPS 系统、PROCESSS 工艺控制系统、调制解调器连接、带滚球的视频放大照相机、TPP/多 CCI 用的令牌网（备选件）等。

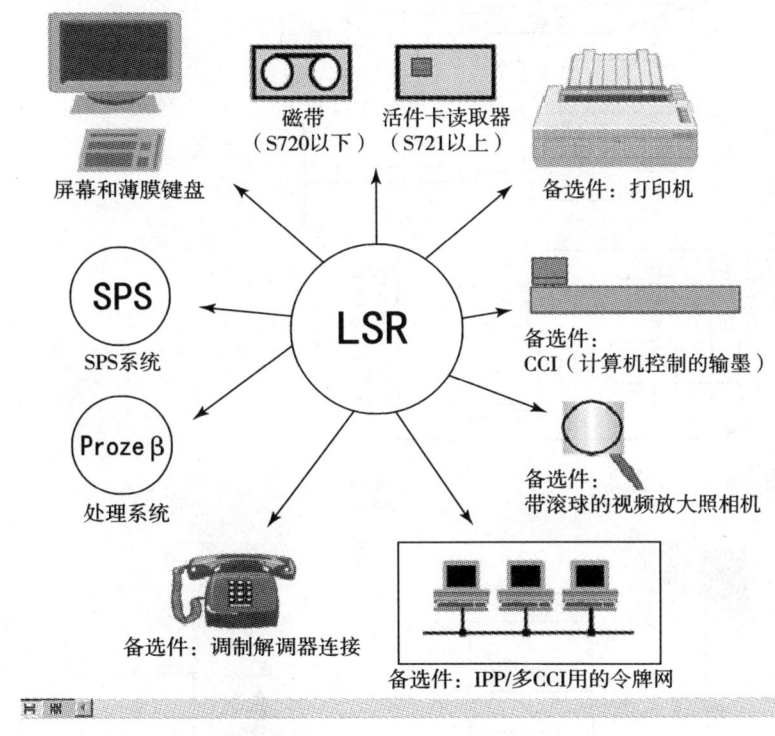

图 4-42 控制系统的硬件设备

5. 控制系统的节点

如图 4-43 所示，+FA 表示中央控制台，+EA 表示收纸装置，+DA 表示收纸侧机组，+CA 表示中央机组，+BA 表示输纸侧机组，+A* 表示电源开关柜。各机组的节点控制如图 4-43 所示。操作人员从中央控制台的薄膜屏幕输入调节能数据，通过各子节点输入各机组，从而完成操作者指定的工作。

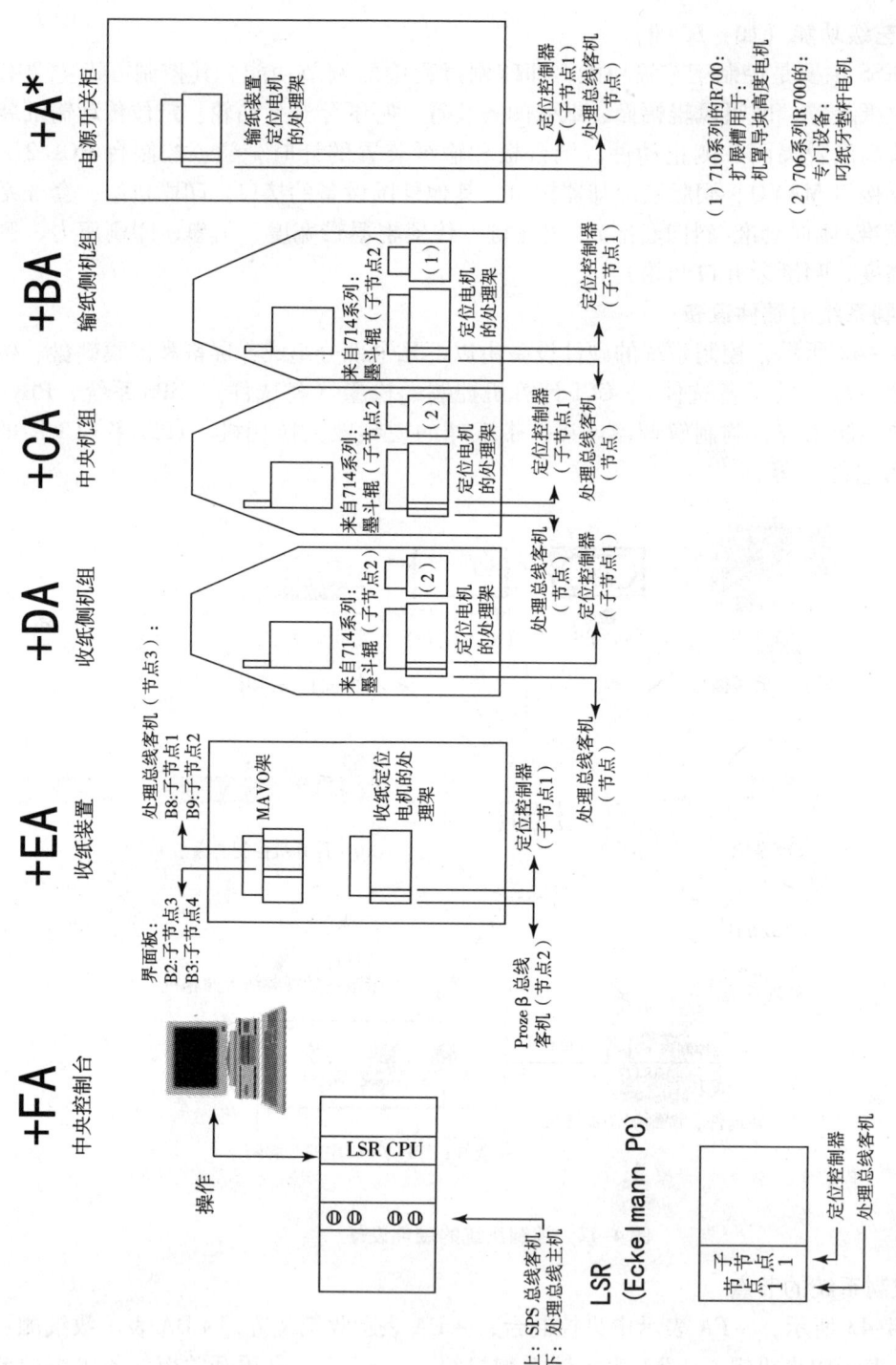

图4-43 控制系统的节点在各机组上的分布情况

6. 曼罗兰典型电路分析

（1）曼罗兰700辊子的排列结构图（图4-44）

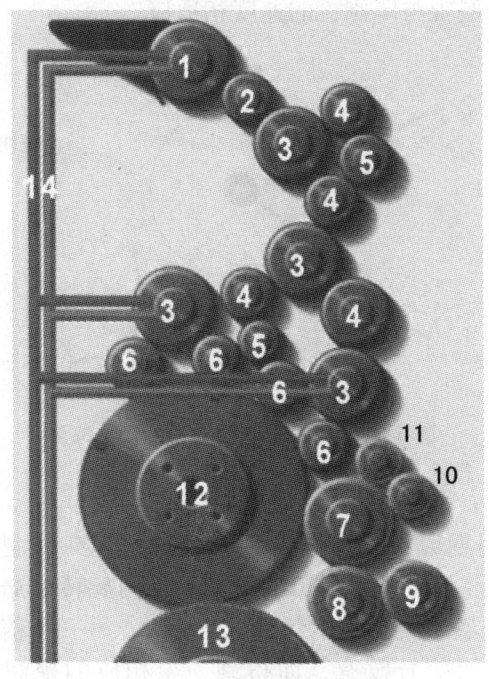

编号	名称
1	墨斗辊
2	传墨辊
3	串墨辊
4	传墨辊
5	中间辊
6	靠版墨辊
7	靠版水辊
8	水斗辊
9	计量辊
10	前后辊
11	过渡辊
12	印版滚筒
13	橡皮滚筒
14	输墨装置温度控制（备选件）

图4-44 曼罗兰墨辊排列图

（2）墨斗辊的电气控制（图4-45）

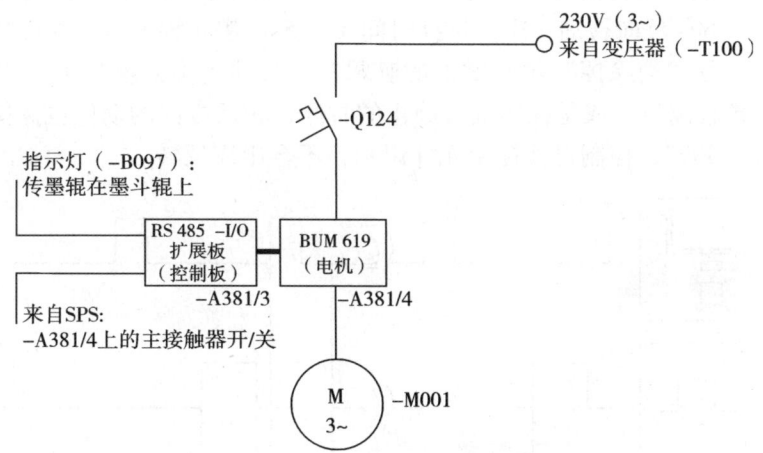

图4-45 墨斗辊的电气控制图

（3）传墨辊墨带宽度。根据墨斗辊的速度设定传墨辊墨带的宽度（在控制台上进行额定值的预设定）。随着墨斗辊速度的增加，传墨辊的墨带宽度也逐渐加大，图4-46就是传墨辊墨带宽度和墨斗辊速度的关系图。传墨辊墨带宽度在控制台上以DAMP/INK（输水输墨）的菜单进行调整，通过图4-45中的A381/4上的主接触开关将信号传输到RS485I/O扩展板上，从而实现对电机M001的控制。M001交流电机控制墨斗辊的速度。传墨辊墨带宽度通过对印刷机速度进行自动的补偿，通过图4-47中的定位电机可以实现这种补偿。有反馈作用的定位电机根据计算好的特性曲线设定好传墨辊与墨斗辊接触的时间（传墨辊传墨的时间），即使传墨辊与印刷机的速度相适应。

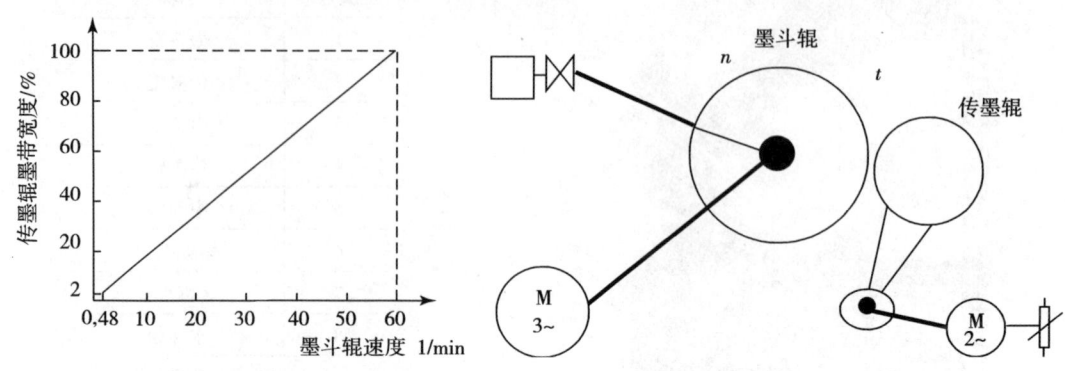

图4-46 墨斗辊的速度与传墨辊墨带宽度的关系图

图4-47 墨斗辊与传墨辊的动力来源

墨斗辊旋转方向相反：墨斗辊以一定周期以相反方向旋转一段时间（在控制台上预先设定时间长度和频率）。这能清除墨斗键，防止渗漏出油墨来。反向旋转是通过两个信号来进行控制的，一个信号是传墨辊在墨斗辊上指示信号（B097），另一个信号就是反向脉冲信号，当传墨辊在墨斗辊上指示信号没有，而得到一个相应的控制脉冲（相反的运动脉冲）时，如图4-48所示的脉冲信号，三相电机进行相应的反向动作。循环周期以及反向动作的时间可通过在控制台所做的相应的预设定来达到，通过A381/4上的主接触开关将信号传输到RS485I/O扩展板上，从而实现最终对墨斗辊电机的控制。每20~60s反向转动一次，持续时间5~15s。墨斗辊电机以相反的方向转动一个短的时间后，可"清除掉"墨斗键上的脏颗粒。将油墨推回也减少了"渗漏"的现象。即使在传墨辊离压，或是在印刷机静止的时候，相反方向的动作也保持激活。由于缺少初始信号-B097，控制可被控制元件识别，不会出现反转。

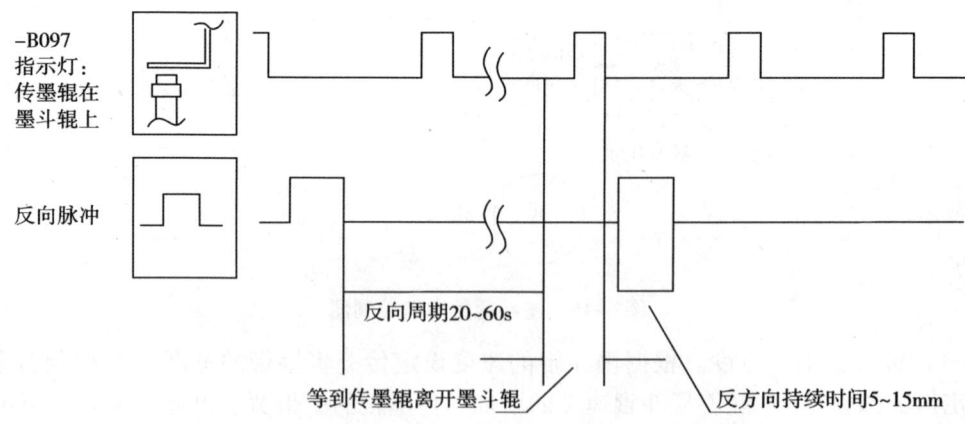

图4-48 传墨辊指示信号和反向脉冲对墨斗辊的控制

第五章

气动控制

本章学习目标：
1. 学习气动系统的组成和各成分的作用。
2. 能看懂基本回路图。
3. 了解其在印刷机上的应用。

本章应学会的术语：
阀　气动执行元件　压缩空气　方向控制回路　压力控制回路　速度控制回路　同步控制回路

【任务】
1. 了解气动技术的发展。
2. 掌握气动系统的基本构成。
3. 了解气动的基本回路和在印刷机上的应用。

人们利用空气的能量完成各种工作的历史可以追溯到远古时代，但作为气动技术应用的雏形，大约开始于1776年发明能产生1个大气压左右压力的空气压缩机。1880年，人们第一次利用气缸做成气动刹车装置，将它成功地应用到火车的制动上。20世纪30年代初，气动技术成功地应用于自动门的开闭及各种机械的辅助动作上。进入20世纪70年代，随着工业机械化和自动化的发展，气动技术才广泛地应用在生产自动化的各个领域，形成现代气动技术。

近20多年来，气动行业发展很快。气动行业的知名企业，有日本的SMC、德国的FESTO、英国的NORGREN和美国的PARKER等。国内的气动行业发展情况如下。1986年至1993年间，气动元件产值的年递增率达24.2%，高于中国机械工业产值平均年递增率10.5%。1996年全国气动行业的产值约在6000万美元。

现在，气动技术被广泛应用于印刷包装行业，前面的印刷机械电路中主要讲述了电气控制部分，本章重点介绍气动技术以及其在印刷机上的应用。

第一节　气动系统的基本构成

气动系统的基本结构为：能源、输入元件（传感器）、处理机构（处理器）、执行机构（执行器）。能源供给装置有压缩机、储气罐、压力调节器、压缩空气调理装置。输入元件有传感器、直接控制阀、限位开关、按钮和接近传感器。处理机构的主要处理元件有直接控制阀、逻辑元件、压力控制阀。末级控制元件的控制信号由直接控制阀完成，执行机构主要执行输出操作，执行元件有气缸、旋转执行器、显示器等。

一、阀门

阀门可根据对于信号的作用，控制的方式和结构进行分类。阀门的基本功能是，为达到检测、信号处理和控制的某种目的而改变、产生或消除信号。此外，阀门也作为驱动阀，供给执行机构工作所需的压缩空气。因此，阀门有几种相应的分类：方向控制阀、单向阀、流量控制阀、压力控制阀和组合阀。

方向控制阀可以影响空气流所取路径，控制气流的通过、切断、流动方向。

换向阀的表示方法为：阀门管的数目由 2 通、3 通、4 通或 5 通等表示，阀门切换位置的数目由 2 位、3 位表示，阀门的动作方式有手动、气压控制和电磁控制之分。换向阀一般手动操作。

二、气动执行元件

气缸的直径范围是 6～320mm，有效行程为 1～2000mm，活塞杆输出力为 2～5000N，活塞速度为 0.02～1m/s。

三、压缩空气

气缸是利用活塞和压缩空气的挤压工作的。压缩空气的优点很多，例如其用量不受限制，不计成本；输送方便，不论距离远近，极易由管道输送；储存方便，可储存于储气罐内；对温度不敏感，无特殊要求；无爆炸易燃危险；溢出的空气环保无污染；工作过程中各种工作部件结构简单，价格便宜；压缩空气为快速流动的工作介质，可获得很高的工作速度；可调节性强，速度及出力的大小可无限变化。

气动技术的应用使印刷机的结构更为简化，但是，在气动控制中，压缩空气也有其特殊的要求及局限，例如，空气中不得含有灰尘和水分，空气的可伸缩性决定了活塞的速度不可能是均匀恒定的。压缩空气在一定的出力条件下使用才比较经济。

第二节　气动控制阀

气动控制阀的种类很多，常用的有气动方向控制阀、气动压力控制阀和气动流量控制阀。

一、气动方向控制阀

1. 气动方向阀的分类

气动方向控制阀,分为单向阀和换向阀,其分类方法也基本相同。但由于气压传动具有自己独有的特点,气动方向控制阀可按阀芯结构、控制方式等进行分类。

(1) 截止式方向控制阀。截止式方向控制阀的截止阀口和阀芯的关系如图5-1所示,图中用箭头表示了阀口开启后气流的流动方向。

分析截止式方向控制阀具有如下特点:

①用很小的移动量就可以使阀完全开启,阀的流通能力强,便于设计成结构紧凑的大口径阀;

②截止阀一般采用软质材料(如橡胶等)密封,当阀门关闭后始终存在背压,因此,密封性好、泄漏量小、无须借助弹簧也能关闭;

③因背压的存在,所以换向力较大,冲击力也较大。不适合用于高灵敏度的场合;

④比滑柱式方向控制阀阻力损失小,抗粉尘能力强,对气体的过滤精度要求不高。

(2) 滑柱式方向控制阀。滑柱式气动方向控制阀工作原理与滑阀式液压控制元件类似,这里不具体说明。

滑柱式方向控制阀的特点:

①阀芯较截止式长,增加了阀的轴向尺寸,对动态性能有不利影响,大通径的阀一般不易采用滑柱式结构;

②由于结构的对称性,阀芯处在静止状态时,气压对阀芯的轴向作用力保持平衡,容易设计成气动控制中比较常用的具有记忆功能的阀;

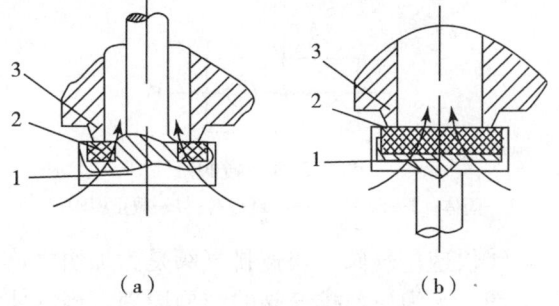

图 5-1 截止式换向阀
1—截止阀芯;2—密封材料;3—截止阀座

③换向时由于不受截止式密封结构所具有的背压阻力,换向力较小;

④通用性强,同一基型阀只要调换少数零件便可改变成不同控制方式、不同通路的阀;同一只阀,改变接管方式,可以做多种阀使用。

⑤阀芯对介质的杂质比较敏感,需对气动系统进行严格的过滤和润滑,对系统的维护要求高。

2. 常用的气动方向控制阀

(1) 单向型方向控制阀

①单向阀。单向阀的结构原理如图5-2所示。其工作原理和图形符号和液压单向阀一致,只不过气动单向阀的阀芯和阀座之间是靠密封垫密封的。

②或门型梭阀。图5-3为或门型梭阀的结构原理。其工作特点是不论P_1和P_2哪条通路单独通气,都能导通其与A的通路;当P_1和P_2同时通

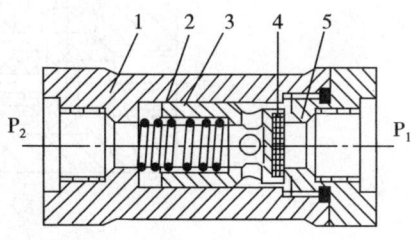

图 5-2 气动单向阀
1—阀体;2—弹簧;3—阀芯;
4—密封材料片;5—截止型阀口

气时,哪端压力高,A 就和哪端相通,另一端关闭,其逻辑关系为"或",图形符号如图 5-3 所示。

③与门型梭阀。与门型梭阀又称双压阀,结构原理如图 5-4 所示。其工作特点是只有 P_1 和 P_2 同时供气,A 口才有输出;当 P_1 或 P_2 单独通气时,阀芯就被推至相对端,封闭截止型阀口;当 P_1 和 P_2 同时通气时,哪端压力低,A 口就和哪端相通,另一端关闭,其逻辑关系为"与",图形符号如图 5-4 所示。

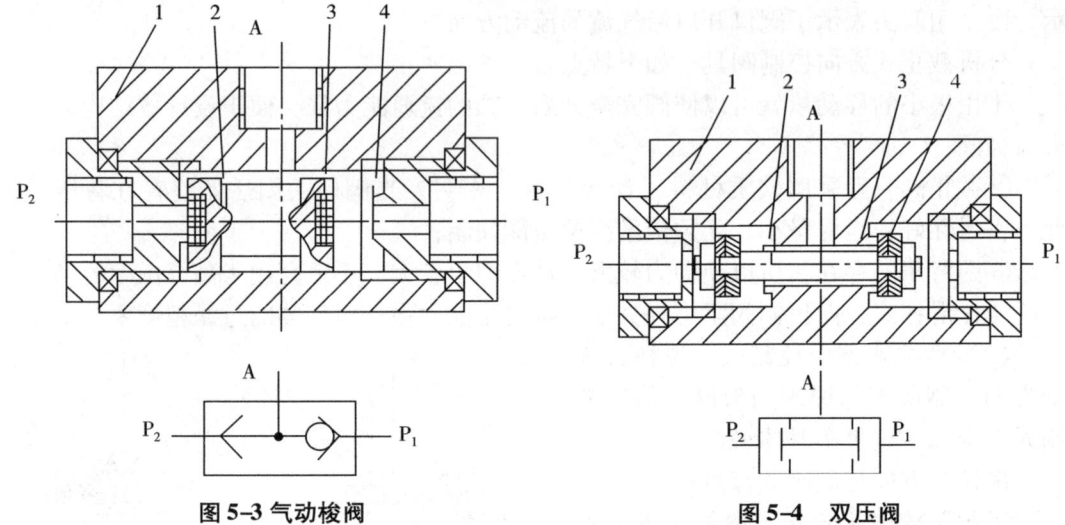

图 5-3 气动梭阀　　　　　　　　　图 5-4 双压阀
1—阀体;2—阀芯;3—密封材料;4—截止型阀口　　1—阀体;2—阀芯;3—截止型阀口;4—密封材料

④快速排气阀。快速排气阀是为加快气体排放速度而采用的气压控制阀。

图 5-5 为快速排气阀的结构原理。当气体从 P 通入时,气体的压力使唇形密封圈右移封闭快速排气口 e,并压缩密封圈的唇边,导通 P 口和 A 口,当 P 口没有压缩空气时,密封圈的唇边张开,封闭 A 和 P 通道,A 口气体的压力使唇形密封圈左移,A、T 通过排气通道 e 连通而快速排气(一般排到大气中)。

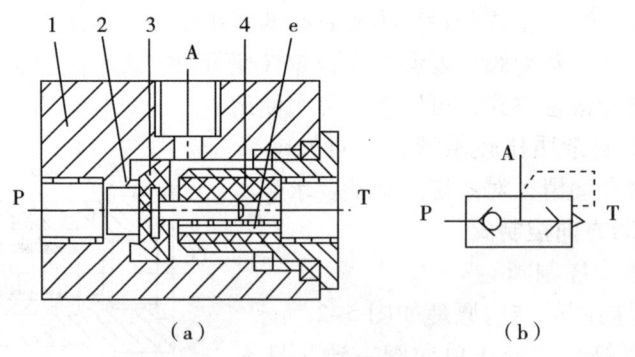

图 5-5 快速排气阀
1—阀体;2—截止型阀口;3—唇形密封圈;4—阀套

(2)换向型方向控制阀。换向型方向控制阀(简称换向阀),是通过改变气流通道而使气体流动方向发生变化,从而达到改变气动执行元件运动方向的目的。它包括气压控制换向阀、电磁控制换向阀、机械控制换向阀、人力控制换向阀和时间控制换向阀等。

①气压控制换向阀。气压控制换向阀是利用气体压力使主阀芯和阀体发生相对运动而改变气体流向的元件。

按控制方式不同分为加压控制、卸压控制和差压控制三种。加压控制是指所加的控制信号压力是逐渐上升的，当气压增加到阀芯的动作压力时，主阀便换向；卸压控制是指所加的气控信号压力是逐渐减小的，当减小到某一压力值时，主阀换向；差压控制是使主阀芯在两端压力差的作用下换向。

气控换向阀按主阀结构不同，又可分为截止式和滑阀式两种主要型式。滑阀式气控换向阀的结构和工作原理与液动换向阀基本相同。在此只介绍截止式换向阀。

图 5-6 所示为二位三通单气控截止式换向阀的结构原理。图示为 K 口没有控制信号时的状态，阀芯 4 在弹簧 2 与 P 腔气压作用下右移，使 P 与 A 断开，A 与 T 导通；当 K 口有控制信号时，推动活塞 5 通过阀芯压缩弹簧打开 P 与 A 通道，封闭 A 与 T 通道。图示为常断型阀，如果 P、T 换接则成为常通型。这里，换向阀芯换位采用的是加压的方法，所以称为加压控制换向阀。相反情况则为减压控制换向阀。

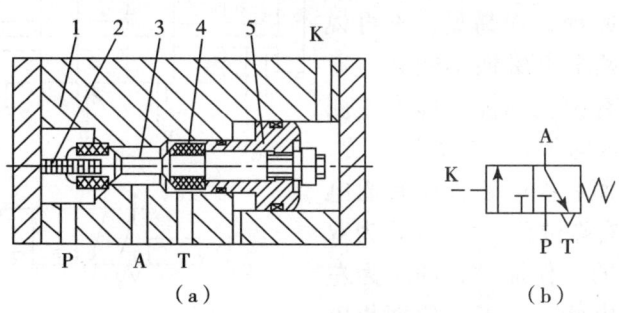

图 5-6 二位三通单气控截止式换向阀
1—阀体；2—弹簧；3—阀芯；4—密封材料；5—控制活塞

②电磁控制方向控制阀

a. 单电控换向阀。由一个电磁铁的衔铁推动换向阀芯移位的阀称为单电控换向阀。单电控换向阀有单电控直动换向阀和单电控先导换向阀两种。

图 5-7 为单电控直动式电磁换向阀的工作原理。靠电磁铁和弹簧的相互作用使阀芯换位实现换向。图示为电磁铁断电状态，弹簧的作用导通 A、T 通道，封闭 P 口通道；电磁铁通电时，压缩弹簧导通 P、A 通道，封闭 T 口通道。

图 5-8 为单电控先导换向阀的工作原理。它是用单电控直动式换向阀作为气控主换向阀的先导阀来工作的。图示为断电状态，气控主换向阀在弹簧力的作用下，封闭 P 口，导通 A、T 通道；当先导阀带电时，电磁力推动先导阀芯下移，控制压力 P_1 推动主阀芯右移，导通 P、A 通道，封闭 T 通道。类似于电液换向阀，电控先导式换向阀适用于较大通径的场合。

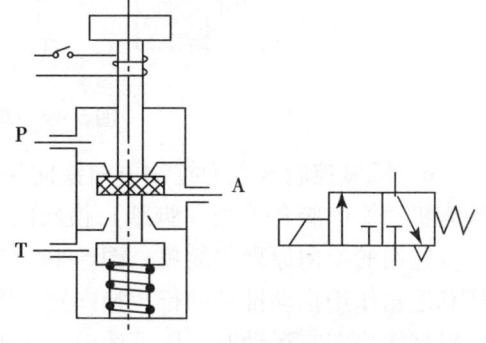

图 5-7 单电控直动式换向阀

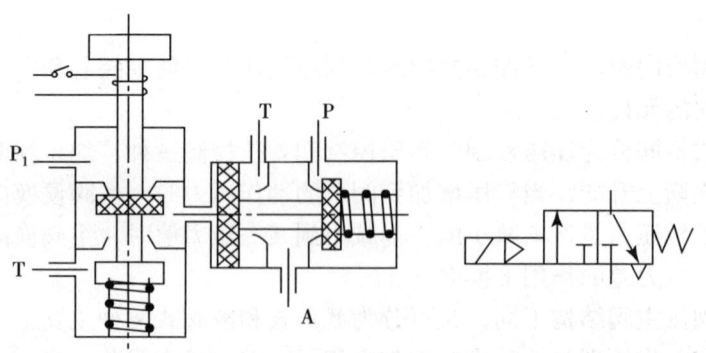

图 5-8　单电控先导式换向阀

b. 双电控电磁换向阀。由两个电磁铁的衔铁推动换向阀芯移位的阀称为双电控换向阀。双电控换向阀有双电控直动式换向阀和双电控先导式换向阀两种。

图 5-9 为双电控直动式二位五通换向阀的工作原理。图示为左侧电磁铁通电的工作状态。其工作原理显而易见，不再说明。注意，这里的两个电磁铁不能同时通电。这种换向阀具有记忆功能，即当左侧的电磁铁通电后，换向阀芯处在右端位置，当左侧电磁铁断电而右侧电磁铁没有通电前阀芯仍然保持在右端位置。图 5-10 为双电控先导式换向阀的工作原理，图示为左侧先导阀电磁铁通电状态。工作原理与单电控先导换向阀类似，不再叙述。

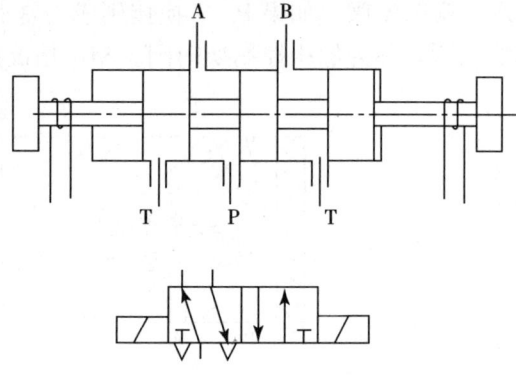

图 5-9　双电控直动式换向阀

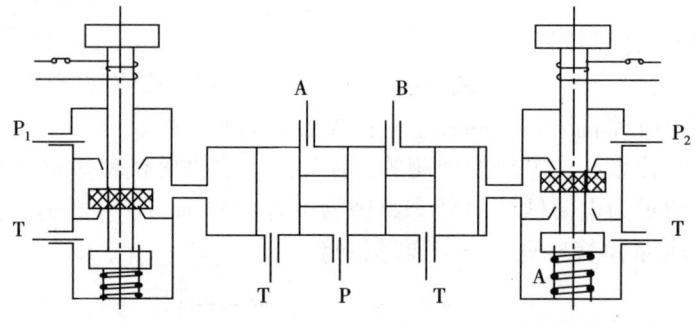

图 5-10　双电控先导式换向阀

c. 机械控制或人力控制方向换向阀。通过机械或人力控制使换向阀芯换位的换向阀有机动换向阀和手动（脚踏）换向阀等。

它们的换向原理很简单。图 5-11 为通过推杆工作的行程换向阀；图 5-12 为通过杠杆和滚轮作用推动推杆的行程换向阀；图 5-13 为可通过式杠杆滚轮控制的行程换向阀。当机械撞块向右运动时，压下滚轮，实现换向动作；当撞块通过滚轮后，阀芯在弹簧力的作用下回复；撞块回程时，由于滚轮的头部可弯折，阀芯不换向。此阀由 A 口输出脉冲信号，常被用来排除回路中的障碍信号，简化设计回路。

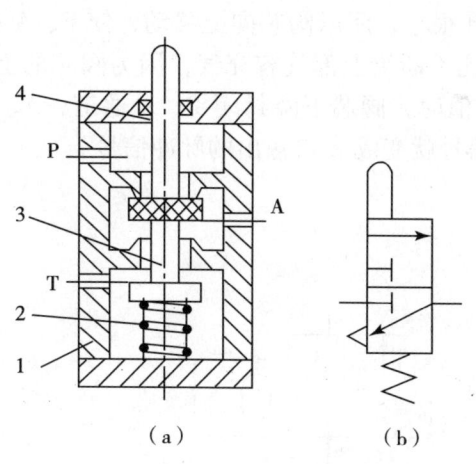

图5-11　直动式行程换向阀
1—阀体；2—弹簧；3—阀芯；4—密封圈

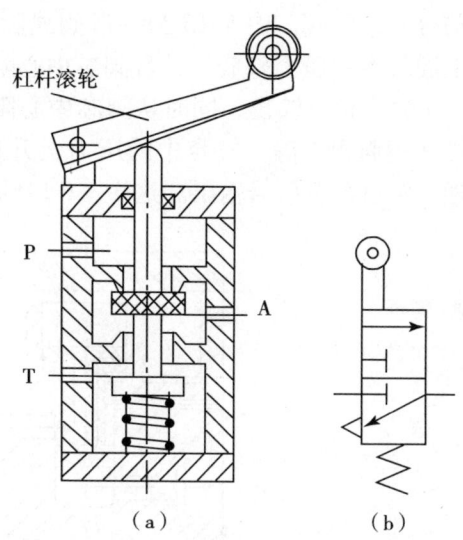

图5-12　杠杆滚轮式行程换向阀

d. 时间控制换向阀。时间换向阀是通过气容或气阻的作用对阀的换向时间进行控制的换向阀。包括延时阀和脉冲阀。

e. 延时阀。图5-14为二位三通气动延时阀的结构原理。由延时控制部分和主阀组成。常态时，弹簧的作用使阀芯2处在左端位置。当从K口通入气控信号时，气体通过可调节流阀4（气阻）使气容腔1充气，当气容内的压力达到一定值时，通过阀芯压缩弹簧使阀芯向右动作，换向阀换向；气控信号消失后，气容中的气体通过单向阀快速卸压，当压力降到某值时，阀芯左移，换向阀换向。

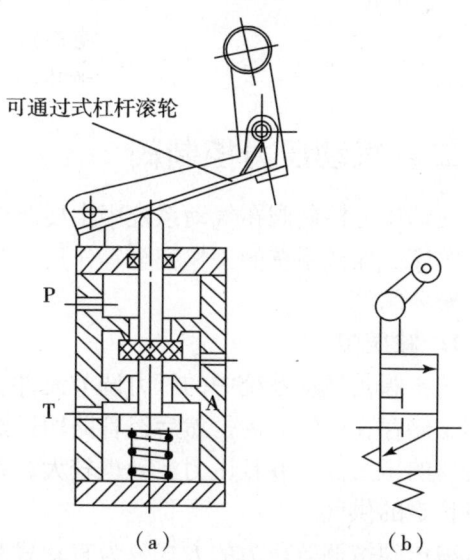

图5-13　可通过式杠杆滚轮控制的行程换向阀

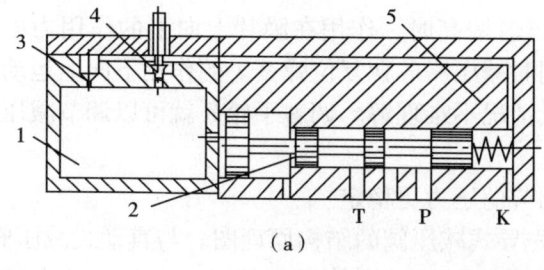

图5-14　气动延时换向阀
1—气容；2—阀芯；3—单向阀；4—节流阀；5—阀体

f. 脉冲阀。脉冲阀是靠气流经过气阻、气容的延时作用，使输入的长信号变成脉冲信号输出的阀。图 5-15 为一滑阀式脉冲阀的结构原理。P 口有输入信号时，由于阀芯上腔气容中压力较低，并且阀芯中心阻尼小孔很小，所以阀芯向上移动，使 P、A 相通，A 口有信号输出，同时从阀芯中心阻尼小孔不断给上部气容充气，因为阀芯的上、下端作用面积不等，气容中的压力上升达到某值时，阀芯下降封闭 P、A 通道，A、T 相通，A 口没有信号输出。这样，P 口的连续信号就变成 A 口输出的脉冲信号。

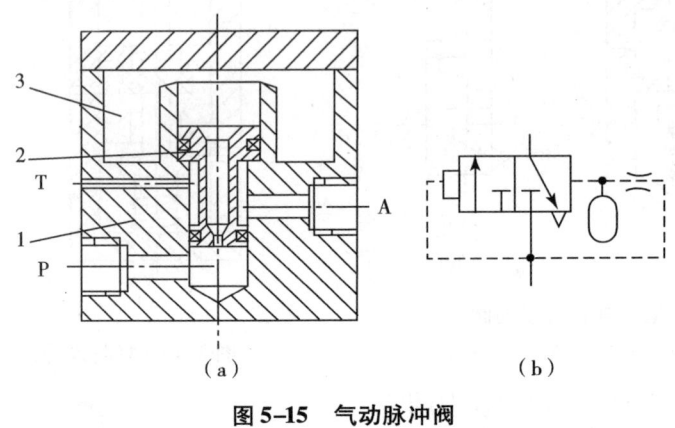

图 5-15 气动脉冲阀
1—阀体；2—阀芯；3—气容

二、气动压力控制阀

气动压力控制阀在气动系统中主要起调节、降低或稳定气源压力、控制执行元件的动作顺序、保证系统的工作安全等作用。气动压力控制阀分为减压阀（调压阀）、顺序阀、安全阀等。

1. 减压阀

减压阀是气动系统中的压力调节元件。气动系统的压缩空气一般是由压缩机将空气压缩，储存在储气罐内，然后经管路输送给气动装置使用，储气罐的压力一般比设备实际需要的压力高，并且压力波动也较大，在一般情况下，需采用减压阀来得到压力较低并且稳定的供气。

减压阀按调节压力的方式分为直动式和先导式两种。

①直动式减压阀。图 5-16 为直动式减压阀的结构原理。输入气流经 P_1 进入阀体，经阀口 2 节流减压后从 P_2 口输出，输出口的压力经过阻尼孔 4 进入膜片室，在膜片上产生向上的推力，当出口的压力 P_2 瞬时增高时，作用在膜片上向上的作用力增大，有部分气流经溢流口和排气口排出，同时减压阀芯在复位弹簧 1 的作用下向上运动，关小节流减压口，使出口压力降低；相反情况不难理解。调解手轮 8 就可以调节减压阀的输出压力。

采用两个弹簧调压的作用是使调节的压力更稳定。

②先导式减压阀。图 5-17 为某先导式减压阀的结构原理图。与直动式减压阀相比，该阀增加了由喷嘴 10、挡板 11、固定节流孔 5 及气室所组成的喷嘴挡板放大环节。当喷嘴与挡板之间的距离发生微小变化时，就会使气室中的压力发生很明显的变化，从而

引起膜片 6 有较大的位移，去控制阀芯 4 的上下移动，使进气阀口 3 开大或关小，提高了对阀芯控制的灵敏度，也就提高了阀的稳压精度。

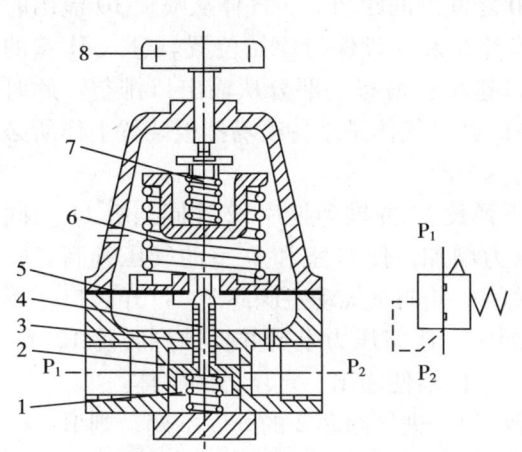 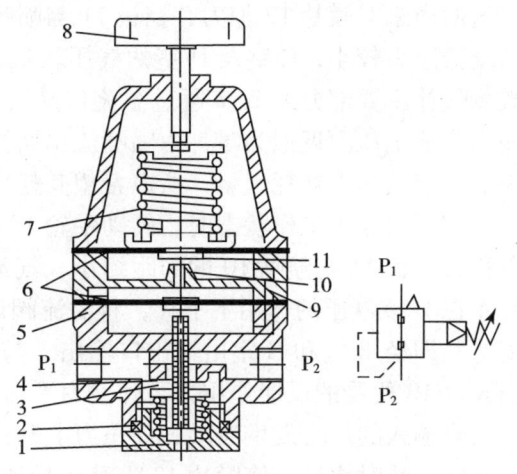

图 5-16　直流式减压阀

1—复位弹簧；2—阀口；3—阀芯；4—阻尼孔；
5—膜片；6，7—调压弹簧；8—调压手轮

图 5-17　先导式减压阀

1—排气口；2—复位弹簧；3—阀口；4—阀芯；
5—固定节流口；6—膜片；7—调压弹簧；
8—调压手轮；9—孔道；10—喷嘴；11—挡板

③定值器。定值器是一种高精度的减压阀，主要用于压力定值。图 5-18 为定值器的工作原理图。它由三部分组成：一是直动式减压阀的主阀部分；二是恒压降装置，相当于一定差值减压阀，主要作用是使喷嘴得到稳定的气源流量；三是喷嘴挡板装置和调压部分，起调压和压力放大作用，利用被它放大了的气压去控制主阀部分。由于定值器具有调定、比较和放大的功能，因而稳压精度高。

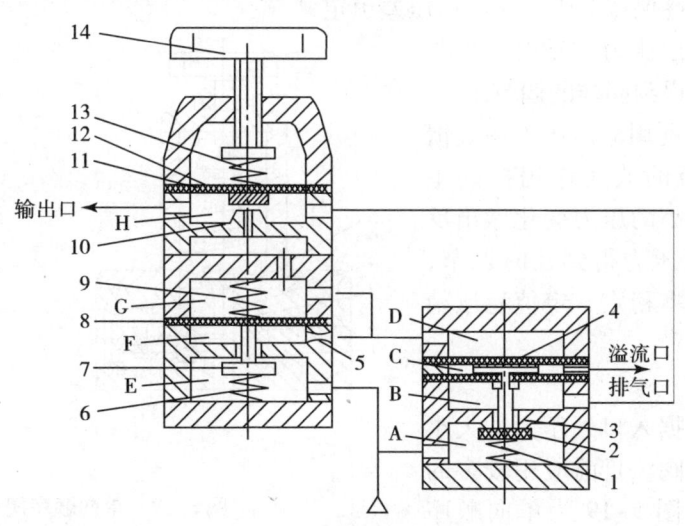

5-18　定值器工作原理

1，6，9—弹簧；2—阀芯；3—截止阀口；4—膜片组；5—节流孔；7—活门；8—膜片；
10—喷嘴；11—挡板；12—膜片；13—调压弹簧；14—调压手轮

定值器处于非工作状态时，由气源输入的压缩空气进入 A 室和 E 室。主阀芯 2 在

弹簧1和气源压力作用下压在截止阀座3上，使A室与B室断开。进入E室的气流经阀口（又称为活门7）进至F室，再通过节流孔5降压后，分别进入G室和D室。由于这时尚未对膜片12加力，挡板11与喷嘴10之间的间距较大，气体从喷嘴10流出时的气流阻力较小，C室及D室的气压较低，膜片8及4皆保持原始位置。进入H室的微量气体主要部分经B室通过溢流口从排气口排出；另有一部分从输出口排空。此时输出口输出压力近似为零，由喷嘴流出而排空的微量气体是维持喷嘴挡板装置工作所必需的，因其为无功耗气量，所以希望其耗气量越小越好。

定值器处于工作状态时，转动手轮14压下弹簧13并推动膜片12连同挡板11一同下移，挡板11与喷嘴10的间距缩小，气流阻力增加，使C室和D室的气压升高。膜片4在D室气压的作用下下移，将溢流阀口关闭，并向下推动主阀芯2，打开阀口，压缩空气即经B室和H室由输出口输出。与此同时，H室压力上升并反馈到膜片12上，当膜片12所受的反馈作用力与弹簧力平衡时，定值器便输出一定压力的气体。

当输入的压力发生波动，如压力上升，若活门、进气阀芯2的开度不变，则B、F、H室气压瞬时增高，使膜片12上移，导致挡板11与喷嘴10之间的间距加大，C室和D室的气压下降。由于B室压力增高，D室压力下降，膜片4在压差的作用下向上移动，使主阀口减小，输出压力下降，直到稳定在调定压力上。此外，在输入压力上升时，E室压力和F室瞬时压力也上升，膜片8在上下压差的作用下上移，关小活门口7。由于节流作用加强，F室气压下降，始终保持节流孔5的前后压差恒定，故通过节流孔门的气体流量不变，使喷嘴挡板的灵敏度得到提高。当输入压力降低时，B室和H室的压力瞬时下降，膜片12连同挡板11由于受力平衡破坏而下移，喷嘴10与挡板11间的间距减小，C室和D室压力上升，膜片8和4下移。膜片4的下移使主阀口开度加大，B室及H室气压回升，直到与调定压力平衡为止。而膜片8下移，开大活门口，F室气压上升，始终保持节流孔5前后压差恒定。

同理，当输出压力波动时，将与输入压力波动时得到同样的调节。

由于定值器利用输出压力的反馈作用和喷嘴挡板的放大作用控制主阀，使其能对较小的压力变化做出反应，从而使输出压力得到及时调节，保持出口压力基本稳定，定值稳压精度较高。

2. 顺序阀

顺序阀是根据入口处压力的大小控制阀口启闭的阀。目前应用较多的是单向顺序阀，图5-19为单向顺序阀的结构原理。当气流从P_1口进入时，单向阀反向关闭，压力达到顺序阀弹簧6调定值时，阀芯上移，打开P、A通道，实现顺序打开；当气流从P_2口流入时，气流顶开弹簧刚度很小的单向阀，打开P_2、P_1通道，实现单向阀的功能。

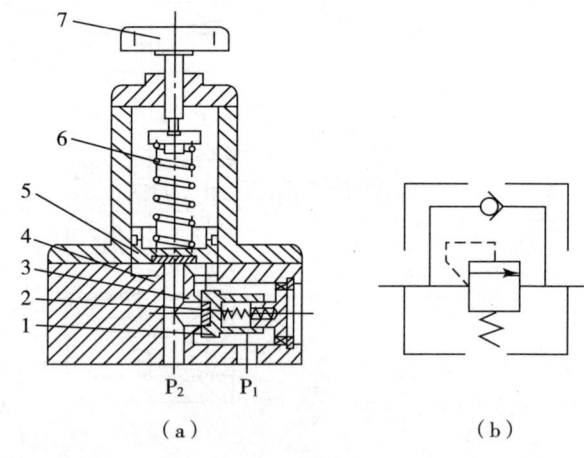

图5-19 单向顺序阀
1—单向阀芯；2—弹簧；3—单向阀口；
4—顺序阀口；5—顺序阀芯；6—调压弹簧；7—调压手轮

3. 安全阀

气动安全阀在系统中起安全保护作用。当系统压力超过规定值时，打开安全阀保证系统的安全。安全阀在气动系统中又称溢流阀。

其结构形式很多，这里仅介绍几例。图5-20（a）为直动截止式安全阀结构原理，当压力超过弹簧的调定值时顶开截止阀口；图5-20（b）为直动膜片式安全阀结构原理；图5-21为气动控制先导式安全阀的结构原理图。它是靠作用在膜片上的控制口气体的压力和进气口作用在截止阀口的压力进行比较来进行工作的。

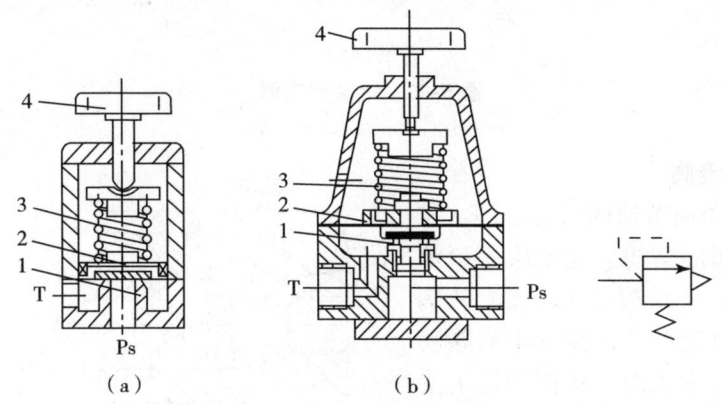

图5-20 气动直动安全阀

1—阀座；2—阀芯；3—调压弹簧；4—调压手轮

三、气动流量控制阀

流量控制阀是通过改变阀的通流面积来实现流量控制的元件。流量控制阀包括节流阀、单向节流阀、排气节流阀、柔性节流阀等。

1. 节流阀

节流阀原理很简单。节流口的形式有多种。常用的有针阀形、三角沟槽形和圆柱削边形等。图5-22（a）为圆柱削边形阀口结构的节流阀。P为进气口，A为出气口。

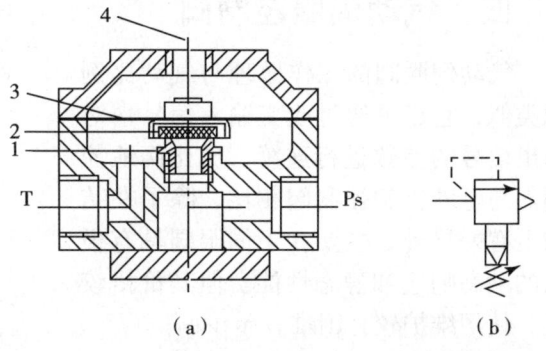

图5-21 气动先导安全阀

1—阀座；2—阀芯；3—膜片；4—先导压力控制口

2. 柔性节流阀

柔性节流阀的结构原理如图5-22（b）所示。其工作原理是依靠阀杆夹紧柔韧的橡胶管2产生变形来减小通道的口径实现节流调速作用的。

3. 排气节流阀

排气节流阀安装在系统的排气口处限制气流的流量，一般情况下还具有减小排气噪声的作用，所以常称排气消声节流阀。

图5-22（c）为排气节流阀的结构原理。节流口的排气经过由消声材料制成的消声套，在节流的同时减少排气噪声，排出的气体一般通入大气。

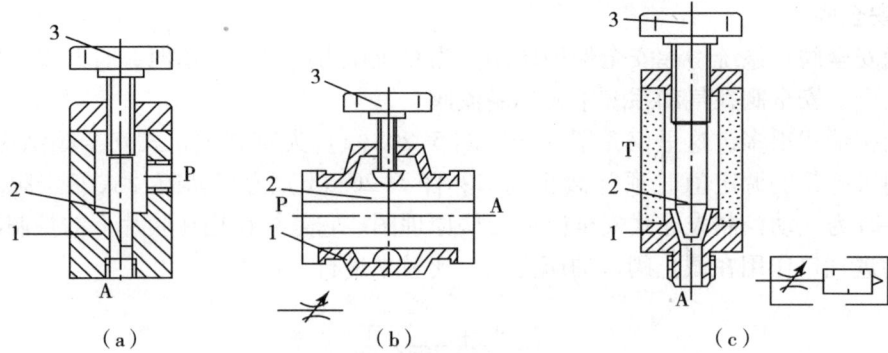

图 5-22 气动节流阀
1—阀座；2—阀芯；3—活塞

4. 单向节流阀

图 5-23 为单向节流阀结构原理。其节流阀口为针阀形结构。气流从 P 口流入时，顶开单向密封阀芯 1，气流从阀座 6 的周边槽口流向 A，实现单向阀功能；当气流从 A 流入时，单向阀芯 1 受力向左运动紧抵截止阀口 2，气流经过节流口流向 P，实现反向节流功能。

四、气动伺服控制阀

气动伺服阀的工作原理与气动比例阀类似，它也是通过改变输入信号来对输出信号的参数进行连续、成比例地控制。与电液比例控制阀相比，除了在结构上有差异外，主要在于伺服阀具有很高的动态响应和静态性能。但其价格较贵，使用维护较为困难。

气动伺服阀的控制信号均为电信号，故又称电-气伺服阀，是一种将电信号转换成气压信号的电气转换装置。它是电-气伺服系统中的核心部件。图 5-24 为力反馈式电-气伺服阀结构原理图。其中第一级气压放大器为喷嘴挡板阀，由力矩马达控制，第二级气压放大器为滑阀，阀芯位移通过反馈杆 5 转换成机械力矩反馈到力矩马达上。其工作原理为：当有一电流输入力矩马达控制线圈时，力矩马达产生电磁力矩，使挡

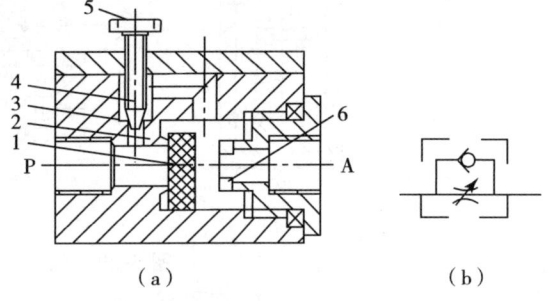

5-23 气动单向节流阀
1—单向阀芯；2—单向截止阀口；3—节流阀座；
4—节流阀芯；5—调节手轮；6—阀座

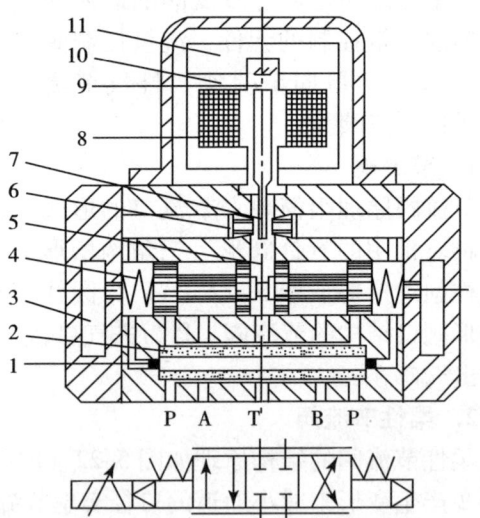

图 5-24 电-气伺服阀
1—节流口；2—滤气器；3—气室；4—补偿弹簧；
5—反馈杆；6—喷嘴；7—挡板；8—线圈；
9—支撑弹簧；10—导磁体；11—磁铁

板偏离中位（假设其向左偏转），反馈杆变形。这时两个喷嘴挡板阀的喷嘴前腔产生压力差（左腔高于右腔），在此压力差的作用下，滑阀移动（向右），反馈杆端点随着一起移动，反馈杆进一步变形，变形产生的力矩与力矩马达的电磁力矩相平衡，使挡板停留在某个与控制电流相对应的偏转角上。反馈杆的进一步变形使挡板被部分拉回中位，反馈杆端点对阀芯的反作用力与阀芯两端的气动力相平衡，使阀芯停留在与控制电流相对应的位移上。这样，伺服阀就输出一个对应的流量，达到了用电流控制流量的目的。

五、气动数字控制阀

脉宽调制气动伺服控制是数字式伺服控制，采用的控制阀大多为开关式气动电磁阀，称脉宽调制伺服阀，也称气动数字阀。脉宽调制伺服阀用在气动伺服控制系统中，实现信号的转换和放大作用。常用的脉宽调制伺服阀的结构有四通滑阀型和三通球阀型。图5-25为滑阀式脉宽调制伺服阀原理。滑阀两端各有一个电磁铁，脉冲信号电流轮流加在两个电磁铁上，控制阀芯按脉冲信号的频率作往复运动。

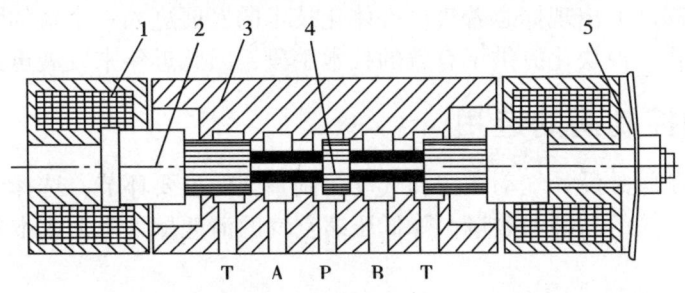

图5-25 气动数字控制阀
1—电磁铁；2—衔铁；3—阀体；4—阀芯；5—反馈弹簧

六、阀岛

"阀岛"一词来自德语，英文名为"Valve Terminal"，德国FESTO公司发明并最先应用。阀岛是由多个电控阀构成，它集成了信号输入/输出及信号的控制，犹如一个控制岛屿。

阀岛是新一代气电一体化控制元器件，已从最初带多针接口的阀岛发展为带现场总线的阀岛，继而出现可编程阀岛及模块式阀岛。阀岛技术和现场总线技术相结合，不仅确保了电控阀的布线容易，而且也大大地简化了复杂系统的调试、性能的检测和诊断及维护工作。借助现场总线高水平一体化的信息系统，使两者的优势得到充分发挥，具有广泛的应用前景。

阀岛有多种类型，简述如下。

(1) 带多针接口的阀岛。可编程控制器的输出控制信号、输入信号均通过一根带多针插头的多股电缆与阀岛相连，而由传感器输出的信号则通过电缆连接到阀岛的电信号输入口上。因此，可编程控制器与电控阀、传感器输入信号之间的接口简化为只有一个多针插头和一根多股电缆。与传统方式实现的控制系统比较可知，采用多针接口阀岛后系统不再需要接线盒。同时，所有电信号的处理、保护功能（如极性保护、光电隔离、防水等）都已在阀岛上实现。

（2）带现场总线的阀岛。使用多针接口型阀岛使设备的接口大为简化，但用户还必须根据设计要求自行将可编程控制器的输入/输出口与来自阀岛的电缆进行连接，而且该电缆随着控制回路的复杂化而加粗，随着阀岛与可编程控制器间的距离增大而加长。为克服这一缺点，出现了新一代阀岛——带现场总线的阀岛。

现场总线（Field bus）的实质是通过电信号传输方式，并以一定的数据格式实现控制系统中信号的双向传输。两个采用现场总线进行信息交换的对象之间只需一根两股或四股的电缆连接。特点是以一对电缆之间的电位差方式传输的。

在由带现场总线的阀岛组成的系统中，每个阀岛都带有一个总线输入口和总线输出口。这样当系统中有多个带现场总线阀岛或其他带现场总线设备时可以由近至远串联连接。现提供的现场总线阀岛装备了目前市场上所有开放式数据格式约定及主要可编程控制器厂家自定的数据格式约定。这样，带现场总线阀岛就能与各种型号的可编程控制器直接相连接，或者通过总线转换器进行阀接连接。

带现场总线阀岛的出现标志着气电一体化技术的发展进入一个新的阶段，为气动自动化系统的网络化、模块化提供了有效的技术手段，因此近年来发展迅速。

七、气动控制阀的选用

正确选择控制阀是设计气动系统和气动控制系统的重要环节，选择合理就能够使线路简化，减少控制阀的品种和数量，降低压缩空气的消耗量，降低成本并提高系统的可靠性。

（1）在选择气动阀时，首先要考虑阀的技术规格能否满足使用环境的要求。如气源工作压力范围,电源条件(交、直流及电压等)介质温度、环境温度、湿度,粉尘等情况。

（2）考虑阀的机能和功能是否满足需要。尽量选择机能一致的阀。

①根据流量来选择通径。分清是主阀还是控制用先导阀。主阀必须根据执行元件的流量来选择通径；先导阀（信号阀）则应该根据所控制阀的远近、数量和要求动作的时间来选择通径。

②根据使用条件、使用要求来选择阀的结构形式。如果要求严格密封，一般选择软质密封阀；如果要求换向力小，有记忆性能，应选择滑阀；如气源过滤条件差，采用截止式阀为好。

③安装方式的选择。从安装维护方面考虑板式连接较好，特别是对于集中控制的自动、半自动空置系统优越性更突出。

（3）阀的种类选择。在设计控制系统时，应尽量减少阀的种类，避免采用专用阀，选择标准化系列阀，以利于专业化生产、降低成本和便于维修使用。

①调压阀的选用要根据使用要求选定类型和调压精度，根据最大输出流量选择其通径。减压阀一般安装在分水滤气器之后，油雾器或定值器之前；进出口不能接反；阀不用时应该把旋钮放松，防止膜片经常受压变形而影响性能。

②安全阀的选择应根据使用要求选定类型，根据最大输出流量选择其通径。

选用气动流量阀对气动执行元件进行调速，比液压流量阀调速要困难，因为气体具有压缩性。选择气动流量控制阀要注意以下几点：管道上不能有漏气现象；气缸、活塞间的润滑状态要好;流量控制阀尽量安装在气缸或气马达附近;尽可能采用出口节流调速方式;外加负载应当稳定。

第三节　气动系统的执行元件

气动系统常用的执行元件为气缸和气马达。气缸用于实现直线往复运动,输出力和直线位移;气马达用于实现连续回转运动,输出力矩和角位移。气缸的种类很多,分类的方法也不同,一般可按压缩空气作用在活塞端面上的方向、结构特征和安装形式来分类。

一、常用气缸

1. 普通气缸

普通气缸主要由缸筒、活塞杆、前后端盖及密封件等组成,如图 5-26 所示为普通气缸结构。

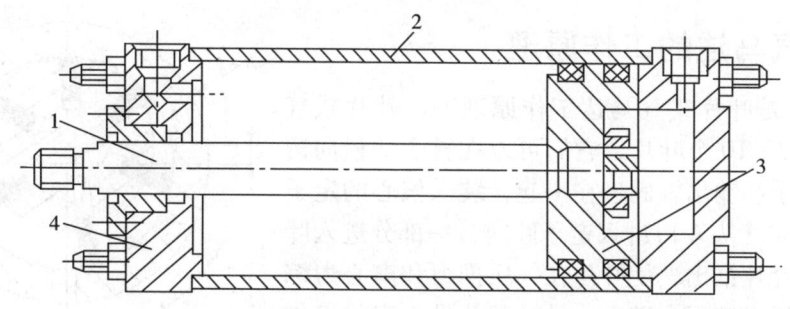

图 5-26　普通气缸的结构
1—活塞杆;2—缸筒;3—活塞;4—缸盖

2. 薄膜气缸

薄膜气缸主要由缸体、膜片、膜盘和活塞杆组成。如图 5-27 所示。

图 5-27 (b) 所谓双作用是指活塞的往复运动均由压缩空气来推动。在单伸出活塞杆的动力缸中,因活塞右边面积比较大,当空气压力作用在右边时,提供一慢速的和作用力大的工作行程;返回行程时,由于活塞左边的面积较小,所以速度较快而作用力变小。此类气缸的使用最为广泛,一般应用于包装机械、食品机械、加工机械等设备上。

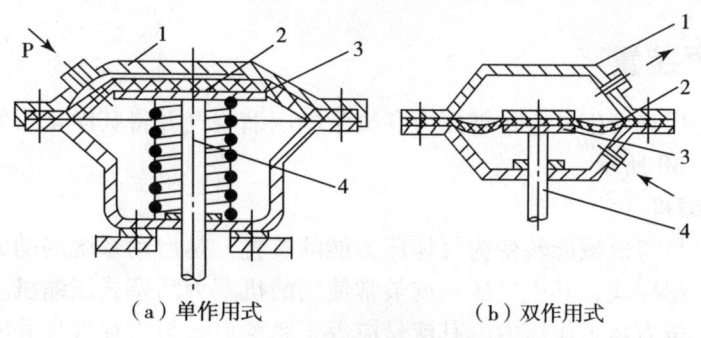

(a) 单作用式　　　(b) 双作用式

图 5-27　薄膜气缸的结构
1—缸体;2—膜片;3—膜盘;4—活塞杆

3. 无杆气缸

无杆气缸没有刚性活塞杆，利用活塞直接或间接实现直线运动。图5-28是无杆气缸的结构图。

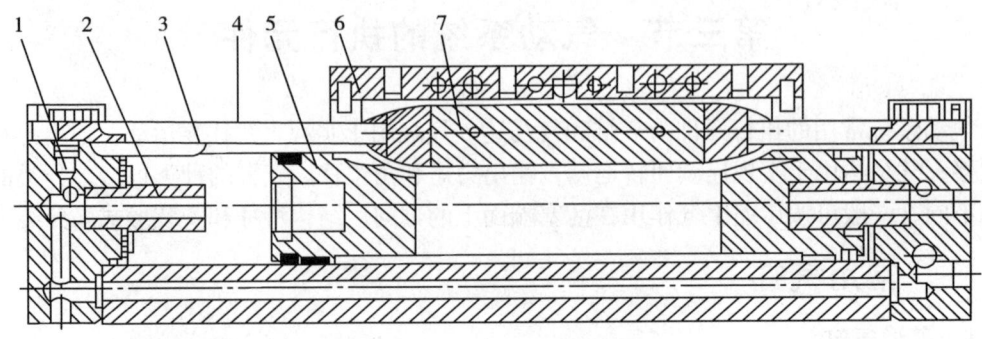

图5-28　无杆气缸的结构

1—节流阀；2—缓冲柱塞；3—密封带；4—防尘不锈钢带；5—活塞；6—滑块；7—管状体

二、气马达的工作原理

图5-29是叶片式气马达工作原理图。叶片式气马达一般有3~10个叶片，它们可以在转子的径向槽内活动。转子和输出轴固连在一起，装入偏心的定子中。当压缩空气从A口进入定子腔内，一部分进入叶片底部，将叶片推出，使叶片在气压推力和离心力综合作用下，抵在定子内壁上。另一部分进入密封工作腔作用在叶片的外伸部分，产生力矩。由于叶片外伸面积不等，转子受到不平衡力矩而逆时针旋转。做功后的气体由定子孔C排出，剩余气体经孔B排出。改变压缩空气输入进气孔（B进气），马达则反向旋转。

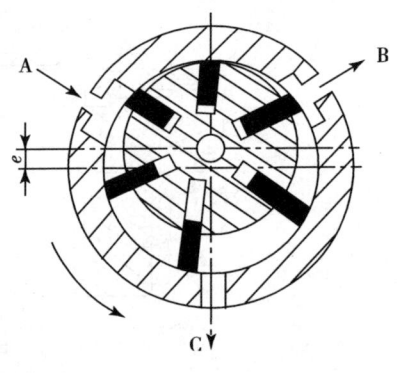

图5-29　气马达的工作原理

第四节　气源装置及辅件

一、气源装置

气源装置是用来产生具有足够压力和流量的压缩空气并将其净化、处理及储存的一套装置。如图5-30所示。

1. 空气压缩机

空气压缩机是将机械能转变为气体压力能的装置，是启动系统的动力源。可分为活塞式，膜片式、螺杆式，其中气压系统最常使用的机型为活塞式压缩机。在选择空气压缩机时，其额定压力≥工作压力，其流量应等于系统设备最大耗气量并考虑管路泄漏等因素。

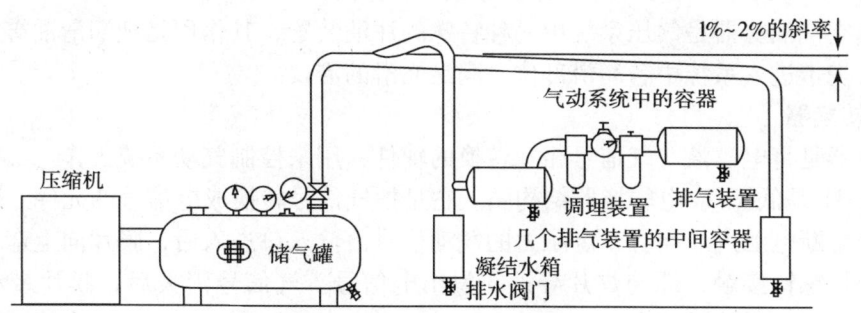

图 5-30 压缩空气的气源系统

2. 储气罐

储气罐内的压缩空气应当尽可能减少系统压力的波动。在正常情况下，压缩机应当使储气罐充满空气，作为一个储备，以便随时可以利用。这样可减少压缩机的频繁启动。

3. 干燥器

功用：为了满足精密启动装置用气，把初步净化的压缩空气进一步净化以吸收和排除其中的水分、油滴及杂质，使湿空气变成干空气。

某些对于压缩空气分配系统要求较高的场合，有用单环状互相连接的管道系统。这样，气压波动可以减小。单环状管道应以 1%～2% 的斜率，以便压缩机中的凝结水可以从疏水管中排出。如果凝结水位较高，则应当专门配备压缩空气干燥器，使压缩空气达到干燥的要求。在气动控制中，凝结水通常是导致故障的主要原因。

4. 空气过滤器

功用：滤除压缩空气的水分、油滴及杂质，以达到气动系统所要求的净化程度。

空气过滤器属于二次过滤器，大多与减压阀、油雾器一起构成气动三联件。通常垂直安装在气动设备入口处，进出气孔不得装反，使用中注意定期放水，清洗或更换滤芯。

空气过滤器主要根据系统所需要的流量，过滤精度和容许压力等参数来选取。

二、气动辅件

1. 压缩空气调理装置

压缩空气调理装置是由如压缩空气过滤器、压缩空气调节器和压缩空气油雾器，上述元件的连接方式、尺寸大小和类型的选择应根据具体应用及控制系统的要求来确定。管风供气系统中的每一个控制系统均应配备一个压缩空气调理装置，以保证所用的压缩空气的质量。

压缩空气过滤器能在压缩空气通过时，除去空气中含的所有杂质及凝结水。压缩空气由输入管道经环形回转结构进入过滤器体内，迫使空气产生回转运动。由于离心力的作用，液体粒子及较大的尘埃粒子被分离出来，并积沉在过滤器的下部。在凝结水水位超过最高标线以前，必须排放，以免重新被吸入空气流中。

压缩空气调节器的调压阀的目的在于保持恒定的工作压力（二次压力），使之不受管道压力（一次压力）及空气消费量波动的影响。

压缩空气油雾器是气压系统中一种特殊的注油装置，其作用是把润滑油雾化后，经压缩空气携带进入系统中各润滑部位，满足润滑的需要。

2. 转换器

转换器是将电、液、气信号相互转换的辅件，用来控制气动系统工作。

图 5-31 是低压气/电转换器结构图。它是把气信号转换成电信号的元件。硬芯与焊片是两个常断电触点。当有一定压力的气动信号由输入口进入后，膜片向上弯曲，带动硬芯与限位螺钉接触，即与焊片导通，发出电信号。气信号消失后，膜片带动硬芯复位，触点断开，电信号消失。

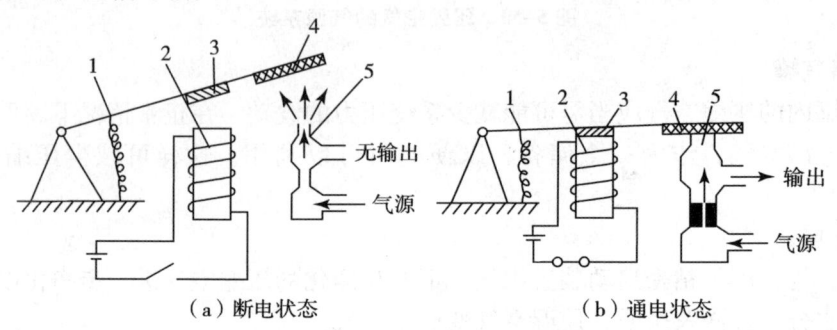

图 5-31　电/气转换器原理图
1—弹簧；2—线圈；3—衔铁；4—橡胶挡板；5—喷嘴

第五节　气动基本回路

气动基本回路由相关气动元件组成，用来完成某种特定功能的典型的管路结构，主要有方向控制回路、压力控制回路、速度控制回路、多缸控制回路等。

一、方向控制回路

1. 单腔控制回路

如图 5-32 所示，单腔控制回路的特点是施加控制信号活塞杆伸出；信号消失，活塞杆立即退回。

2. 双控换向回路

双控换向回路的特点是主控阀具有记忆功能，只有施加一个相反的控制信号后，主控阀才会进行换向。如图 5-33 所示。

3. 自锁式换向回路

主控阀无记忆，按下手动阀 1，主控阀右位接入，活塞杆左伸，按钮松开，不换向；只有按下手动阀 2 才换向。如图 5-34 所示。

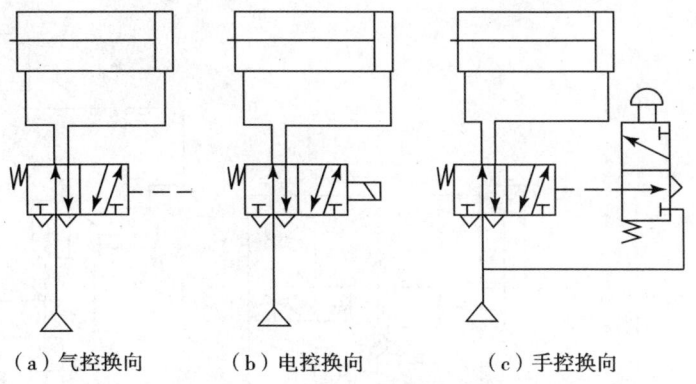

(a)气控换向　　　(b)电控换向　　　(c)手控换向

图 5-32　用单控阀的换向回路

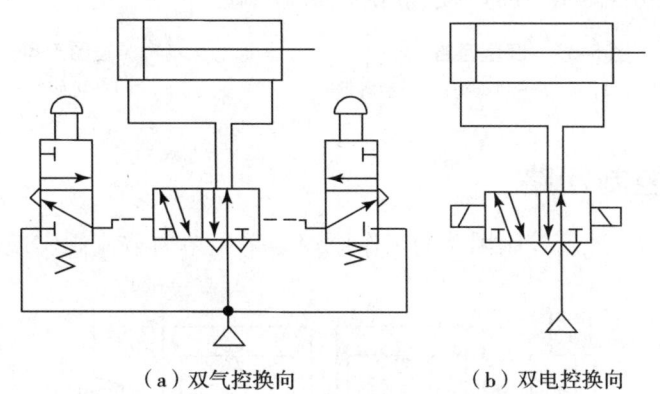

(a)双气控换向　　　　　(b)双电控换向

图 5-33　用双控阀的换向回路

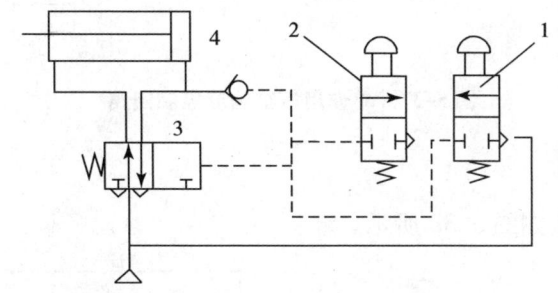

图 5-34　自锁式换向回路

1，2—手动阀；3—主控阀门；4—气缸

二、压力控制回路

1. 调压回路（参见图 5-35）

2. 增压回路（参见图 5-36）

其增压比为：$n = D^2/D_1^2$。

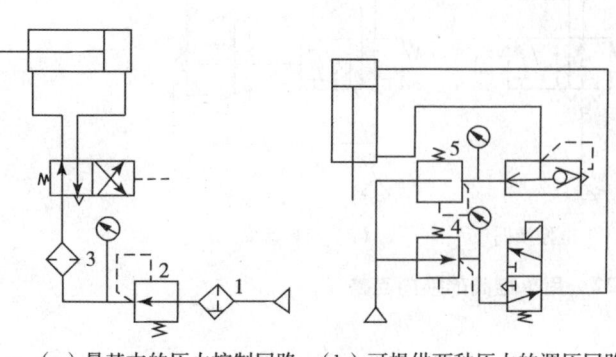 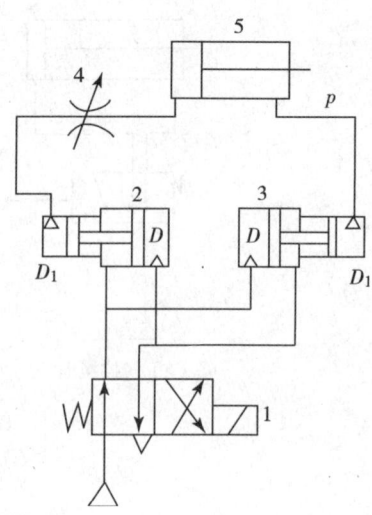

（a）最基本的压力控制回路　（b）可提供两种压力的调压回路

图 5-35　调压回路　　　　　　　　　　图 5-36　增压回路
1—过滤器；2，4，5—调压阀；3—油雾器　　1—电磁阀；2，3—增压器；
　　　　　　　　　　　　　　　　　　　　4—节流阀；5—工作缸

三、速度控制回路

如图 5-37 所示，速度控制回路的工作原理为采用单向节流阀实现排气节流的速度控制。

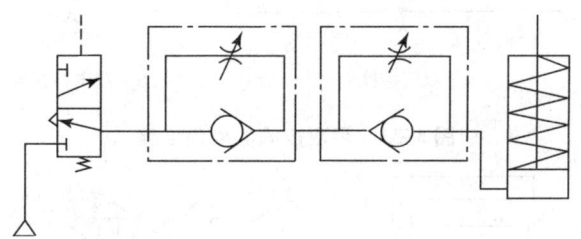

图 5-37　单作用气缸速度控制回路

四、同步回路

同步动作控制回路如图 5-38 所示。

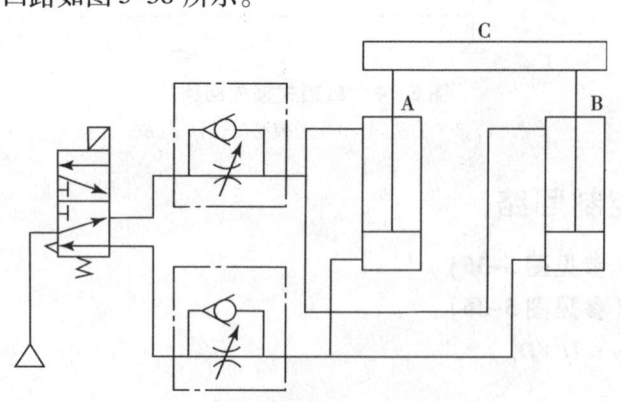

图 5-38　同步动作控制回路

五、往复运动回路

往复运动回路如图5-39所示。

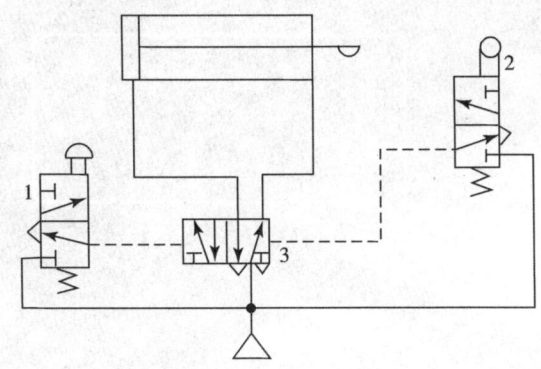

图5-39 往复运动回路
1—人力控制阀；2—机械控制阀；3—换向阀

第六节 气动系统在印刷机上的应用

压缩空气的几大优点是气动技术广泛应用于现代胶印机的关键因素。气动控制在印刷机上的应用很多，如输纸部分的纸张分离机构、纸张的输送装置、气动式侧拉规调节、印刷滚筒的离合压、驱动装置中的气动控制部分、收纸部分的纸张制动辊等都是采用气动控制技术。下面就以高宝105胶印机上几个部分气动技术的应用实例给大家具体介绍一下气动技术在胶印机上的应用。

胶印机输纸部分的纸张分离全部是通过压缩空气的吹吸来完成的，当然这个高宝胶印机上也不例外，在这里不作过多介绍。下面从高宝胶印机的输纸板开始介绍气动技术的应用。

1. 气动式输纸带

气动式输纸带是现代胶印机广泛采用的一项技术，如图5-40所示，三条纸张输送带上面，布满了气孔，在输纸板下面有两个压缩空气箱，压缩空气通过输纸板上面的气孔，将纸张紧紧吸附与输纸带上，这样纸张就随着输纸带的运动一起向前输送。气动式输纸带有效地拓展了承印的使用范围，对于表面比较光滑的承印物也能达到稳定输送的效果。而且气动式输纸带不需要任何的压纸轮，对于已印刷完一面的印刷品来说，有效降低对印刷品划伤的几率。

2. 气动式侧拉规

高宝的气动式侧拉规由两部分组成：气动吸纸板和气动吸纸盘，在操过时可以根据承印物不同进行选择。气动吸纸板吸力较小，气动吸纸盘状似圆盘，吸力较大。当承印物定量低较薄时，需要的吸力较小，选气动式吸纸板。当承印物定量高较厚时，需要的吸力较大，选择气动式吸纸盘。当承印物定量适中时，两者都用，需要对气量进行调整。

图 5-40　KBA 气动式输纸带

气动式侧拉规对承印物的适应性较强，同时也可减少对印刷品的磨损，保养和调节比较简单。

3. 气动式离合压

气动式离合压在几大品牌的胶印机中得到了普遍的采用。如图 5-41 所示，如图中可以看到一个较大的气缸。通过这个气缸内活塞的往复运动，实现滚筒之间的离压和合压。

气动式离合压机构简单，而且有效地避免了机械趋动的硬趋动和机械部件的损坏。

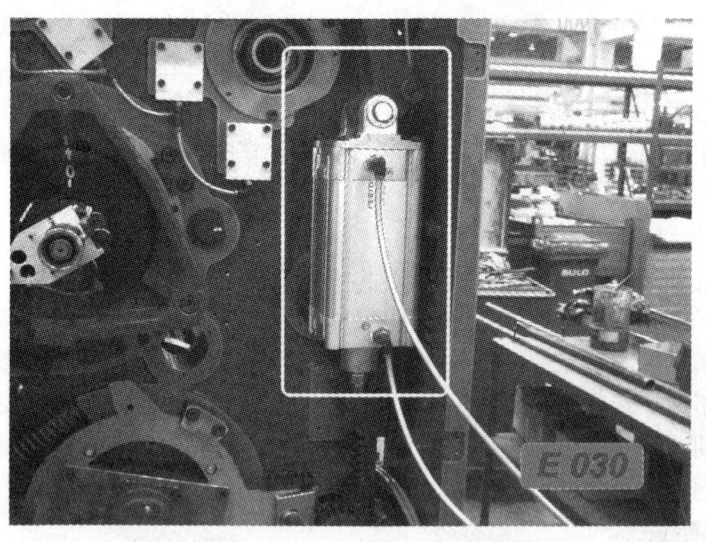

图 5-41　气动式离合压

4. 气动式全自动上版机构

气动式全自动上版机构的趋动部件如图 5-42 所示，全自动上版机构不需要操作人员对印版作任何调节，只要将待用印版放入版盒中，其他工作由印刷机自动完成。其中新版递入版夹中和旧版拉出版夹都由图中所示的吸嘴完成。当旧版需拉出版夹，图中的吸嘴吸住旧版，向上移动拉出印版，同理，当新版需要装入时，吸嘴吸住新版向下递送。

图 5-42　气动式全自动上版机构

5. 气动式印版夹紧装置

机械式夹版装置需要用螺钉拉动版夹，夹紧印版。气动式版夹夹紧装置在版夹内部有一气囊，当需要夹紧印版时，气囊充气，推动上版夹移动，夹紧印版。气动式印版夹紧装置可由胶印机的控制部分联为一体，实现上版自动化。如图 5-43 所示。

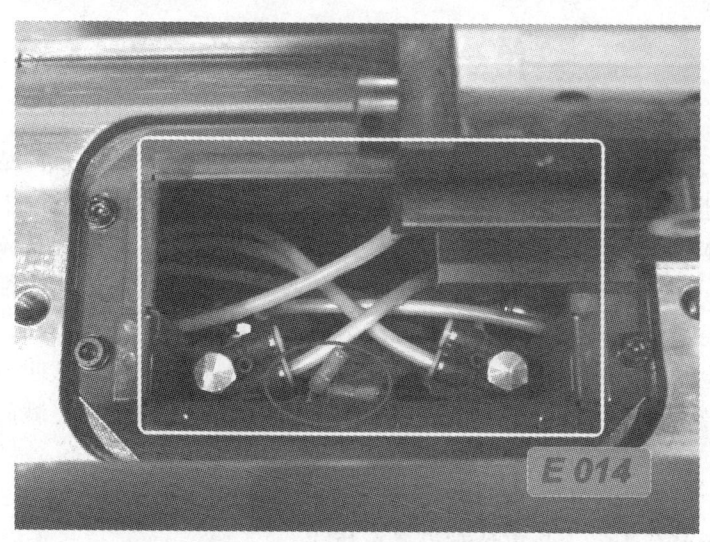

图 5-43　气动式印版版夹夹紧装置

在 KBA105 胶印机还有其他气动技术的应用，如靠版墨版的离合压、靠版水辊的离合压驱动、气动式传纸滚筒，收纸部分的吸气辊等。气动技术的应用使印刷机如虎添翼，结构日益简化，自动化程度越来越高。

第六章 安全用电与机器维修

本章学习目标：
1. 通过本章的学习，对印刷机电气维修方案的设定有个初步的思路。
2. 掌握印刷机电气维修的基本方法。

本章关键词：
最优方案　预防性维修　改善性维修　故障点的检测

【任务】
1. 印刷机电气维修工作的方案制定。
2. 以 J2108 机为例，介绍常见故障的分析与处理。

第一节　安全用电

随着印刷工业自动化程度的不断提高，使用和接触电气设备的条件越来越多了，如果没有安全用电的常识，就很容易发生触电事故，以致影响生产，危及生命。

电流对人体的伤害可分为两类，一类是由于电流通过人体而引起身体内部器官的创伤，就叫电击。电击对人体的肌肉起到了强烈的收缩作用，从而使人体细胞组织受到严重损害，如神经麻木，失去自动摆脱电源能力。严重的使心脏停止跳动，以至死亡。所以电击是最危险的触电事故。另一类是电流引起人体外部的创伤，这叫电伤。例如，电弧的灼伤，与带电物体接触后使人的皮肤红肿，保险丝熔化时金属飞溅而使皮肤受伤以及高频烧伤等。

下面的电工常识供大家工作时参考。
①电气事故可分为：人身事故和设备事故。
②电流对人体造成的伤害可分为电击和电伤两类。
③"电击"是电流直接通过人体造成伤害。
④"电伤"是电能转化为其他形式的能对人体造成的伤害。
⑤雷击可分为直接雷击、感应雷击。
⑥一般认为，1mA 的电流通过人体，会有触电感觉。

⑦一般认为，不超过10mA的工频电流通过人体，不会丧失摆脱能力。
⑧一般认为，超过50mA的工频电流通过人体，可造成心室纤维性颤动。
⑨电击的形式可分为：直击触电电击和意外触电电击。
⑩接地装置承受对地电流时，在距接地装置20m处，跨步电压近似认为零。
⑪避免造成雷击伤害的方法有：在建筑物上装设接闪器并直接接地；对不可直接接地的架空线路可加设避雷线接地。
⑫一次雷电放电，其电流可达到几百到几千kA。
⑬电气事故中的人身伤害可分为电流伤害、电磁伤害、静电伤害和雷电伤害。
⑭在查找接地故障点时，工作人员应穿绝缘靴。
⑮对可能存在剩余电荷的设备，进行检查或试验前应先放电。
⑯触电人呼吸及心跳均停止时，如单人救护，人工呼吸及胸外心脏挤压应交替进行，每15~20s交替一次。
⑰对成年人，胸外心脏挤压的深度，以3~5cm为宜，每分钟挤压次数为60~80次。
⑱一年中，触电事故发生较多的月份为6~9月。
⑲对操作者本人，并对他人和设备的安全有重大危害因素的作业，称为特种作业。
⑳对于特种作业人员，必须进行专业的安全技术培训，经考核合格后，才能允许其上岗操作。
㉑电工职业道德规范是：a. 忠于职业责任；b. 遵守职业纪律；c. 交流电工的专业技术和安全操作技术；d. 团结协作。
㉒安全用电，就是要使一切电力设备处于良好的状态。
㉓用电安全，是要我们采取一切必要的措施避免发生人身触电事故。
㉔发生人身事故和设备事故，大多数是由于违章作业造成的。
㉕在电器设备上使用了不合格的电器产品或材料，可能造成严重的后果。
㉖通过人体工频电流的有效值约1mA时会有触电的感觉，称此值为感知电流。
㉗如果触电者尚未脱离电源，救护者不能直接接触身体，应设法使其尽快脱离电源，并防止触电者二次伤害。
㉘人体触电后的严重程度和通过人体电流的电压大小、电流流经的路径、电流频率、时间及人体状况有关。
㉙口对口（鼻）人工呼吸，应使触电人的头部尽量后仰，并排出口中异物。
㉚人工呼吸的操作，大约每次吹2s放松3s，操作时应能看到触电人的胸有起伏。

第二节　印刷机电气维修工作的最优方案

印刷机械电气线路发生故障，如何分析故障的原因，找出维修的方法是本章中探讨的问题。

一、电气维修工作的分工

在一些印刷厂中,印刷机电气故障屡屡发生,严重影响了生产的进行。为此,有的工厂采取了增加电工人员、增加电工维修费用。在一些厂或车间,印刷设备的电气维修工作没有落实到个人,临时性修理及计划中的维修工作全部都由电工负责人临时指派。可是车间内有众多的设备,这些设备的电机、接触器、控制电路等的运行状况如何、多长时间进行检修、备件储备情况如何等。如果这些事情都由少数几个人负责去计划、记录和安排,肯定会有疏漏和差错,使设备得不到及时的维护和修理,直接影响到生产的进行。

要使整个电气维修系统正常运转,应使维修电工与印刷设备之间建立一种关系,即维修负责制,也就是将印刷机的维修工作按机型分配给各维修电工。同时,由维修电工建立设备维修档案,将所管的每台设备的维修时间、内容、故障原因等均作记录,为制订和修改维修计划提供依据。另外,还应制订每台机器上各电气维修的周检、月检、季检和年检计划。

设备制度的考核制度。为了保证分工责任制的贯彻执行,电工负责人应定期检查和抽查各机器电气设备的维护保养工作。另外,对造成停机的电气故障要进行调查,分清是维修工人的责任事故(如安装有问题、检修不及时、错误接线),还是产品质量低、自然磨损等非责任事故,并将上述情况写入考核记录,作为评定个人工作责任心、技术高低以及进行批评、奖励、晋级的依据。责任制与考核制度的实施有下述特点:

①加强了维修电工的责任心;
②维修电工各负其责;
③同类机型专人负责,易于积累维修经验,易于同类材料、器件的预算、制作和储备。

另外,电工负责人应注意维修电工之间的互助,尤其是遇到工作量大、技术难度高的维修任务时,负责人应主动进行协调工作。

二、以预防性维修为主的工作方针

预防性维修计划是必须制订的,而且必须要有一定的依据,下面将介绍的设备的史料收集与设备运行的状态检测。

1. 设备的史料收集

设备说明书及关于电气设备检测时限、维修项目等技术资料,设备维修的档案(如大修记录、电机维修登记卡等)及维修电工的工作记录,厂内外同类印刷机电气设备修理的经验与资料。设备的史料收集是必要的,但设备在现实运行中的情况、器件磨损率怎样、是否有进行紧急修理的必要。这些情况对维修计划的制订也有着很大的影响。因此,必须对设备运行状况进行检测。

2. 设备运行的状态检测

状态检测的实施主要包括巡视制度、周检制度、设备改装及操作人员的检测。

巡视制度是指认真做好看、听、闻、拭、问五方面的工作,并作检查记录。看有无导线裸露、电刷打火、仪表显示(电压、电流、油压、气压)等异常现象;听电机、电器运行声音是否正常、闻有无焦糊等异常气味；手拭电动机外壳、插式熔断器等器件温度是否过高；询问印机操作人员电气运行的状况。

巡视中若发现严重的电器故障，应随即停机进行修理。如果为不影响生产，可以延缓几天再修理（如电柜、电机除尘等），则应列入维修计划，安排在擦机时间或厂休日进行。

周检制度是指维修电工每周应对负责区域的电气设备进行一次检修（可在厂修日进行）。检修工作有三方面的内容：①对巡视时不易检查的电器进行静态（断电）检查，发现故障及时修理，另外，由此得知电器磨损或功能状态的情况，也为维修计划制定提供资料；②检查、修理巡视中未作修理的电器；③按工作计划进行电机加油、除尘、紧固接线、更换器件等工作。

设备改装是指对于易产生故障的部分，在不影响机械性能和强度的前提下，增设观察窗，以便在机械器运转并且不拆机罩的情况下，透过装着有机玻璃的观察窗观察监视。如电磁铁、限位开关、伺服电动机、电磁阀的工作状态，电刷与换向器是否打火（有的直流电机的观察窗盖板应采用有机玻璃的）。另外，还可在一些位置增装电压表、电流表、温度计、蜂鸣器、指示灯等，用以显示设备的运行情况或用于异常、故障报警。

操作人员的辅助检测可发挥印机操作人员对设备状态的检测作用。因为操作人员长期与机器接触，很容易察觉到电气设备异常而发出的声音、气味、温度及机速的变化等。因此，操作人员应配合维修电工的工作，及时、全面地了解设备的运行状态。

由此可知，坚持设备运行的状态检测制度，不但可为预防性维修的制定提供充实的资料，同时还能使一些电气故障得到及时的发现与修理，从而避免故障的进一步扩大。

三、改善性维修

电气设备修好后不久又会坏，而且并非使用不当。原因之一是一些损坏的器件虽经修理，只是恢复了其原状，并没有恢复其原有的性能指标。所以在故障修理之前，应当对修理工时、材料费用、修理后的使用周期及再次损坏对生产的影响等进行计算和估计。如果该器件确实已没有再修理的价值时，就应该用备件进行更换。

有时，一引起电器件选用不当或器件在设计、制造、组装方面存在问题，经常损坏，即使换上新件，过不久还会出现故障。这时，应对所用器件进行筛选，择优购买，使用性能好，新型号器件。

另外控制电路的某些部分在设计上有毛病，也会造成某些部件经常损坏，此时，应对控制电路进行改善。

上述的工作都属于改善性维修工作。改善性维修工作非常重要，它可减少设备故障的再生，同时，也减少了维修电工的重复劳动。印刷机上的限位开关，由于受到频繁的撞击触压，很容易损坏而造成设备故障。在采用自制的元触点开关（由干簧管和永久磁铁组成）或采用晶体管无触点开关后，开关寿命增加，停机故障大大减少。又如在JJ201型印刷机上，若指示灯短路（对机壳短路），会使传动电磁离合器整流电源的二极管损坏。此时，除对指示灯短路故障进行修理外，更主要的是对指示灯与整流电源的变压器重新按新方案绕制，可以根本上避免上述故障的发生。

第三节　印刷机电气维修的方法

一、故障点的判定

维修电工对故障点的判定，是设备临时性维修工作的基础环节，对故障检测点和检测方法的确定有着重要的意义。

1. 故障信息的及时性与准确性

任何一种工作和问题的解决处理都需要一定的信息，因为信息中含有最新的知识和有借利用的方法。临时性维修工作中，对故障点的判定需要故障信息，故障信息的获得应遵循以下原则。

（1）故障信息的及时性。公安人员在接到案情报告后，要马上赶到现场收集作案人留下的蛛丝马迹。与此相似，维修电工在得到机器故障的通知后，也应立即到达故障现场，及时了解故障的线索。如故障设备的温升、外表颜色、焦糊气味、烟雾等（此类信息有较强的时效性）。若机器仍在运转，还可以获取机速、声音、运行电流、工作电压、润滑气压（空气压缩机的压强值）等信息。同时，还可以在操作人员记忆清晰之际，及时准确地了解到发生故障时的各种异常现象（即故障信息）。

另外，维修电工迅速到达故障现场后，还可针对不同的情况及时采取停机断电等相应措施，防止故障的进一步恶化。

（2）故障信息的准确性。故障原因和故障点的正确判定首先要有准确的故障信息。在大量的多方面的故障信息的收集工作中，必须坚持准确性的原则。维修电工对设备器件及故障现场进行气味温度颜色等检查时，一定要认真精细，不可马马虎虎。用仪表进行测量时，读取数据要准确，当然，所用仪表应保证功能与精度完好。印刷机操作人员与机器设备的接触时间长，对设备故障时的现象反映得比较具体准确，但是他们往往对电气设备的电路控制情况很不了解。所以，他们对设备电气部分故障的推测和判断，就不一定准确了。维修电工要认真听取操作人员对故障现象的反映，同时对他们所认定的故障原因要慎重分析。故障信息的获取是多渠道多方式的，加之故障原因存在着多样性和不确定性，因此，对于各条故障信息都应当全面考虑，综合分析，并且做出确切的判断，不能"也许""大概""可能""差不多"地作结论。

2. 故障设备的资料掌握

故障点的判定除了需要维修电工及时准确地收集故障信息外，还应熟悉故障设备的电路控制原理各电器部件的作用与调节，该机电气设备易发生的故障及以往的维修资料，该机的维修状况（刚修理过、维修期已过、仍未维修或正待维修）等。

维修电工必须对上述资料了如指掌，才能根据故障信息进行分析判断，最终得出正确的结论。否则，即使了解到一些故障信息，也无法对故障的原因及故障点进行正确的分析和判断。

3. 故障点的判定

维修电工在掌握了设备的故障信息和其他资料后，并不一定马上就能正确地确定故障点。一般来讲，故障点的确定是有一个过程的。在这个过程中，首先，维修电工对故障信息及设备的电路原理故障史和维修状态等进行全面综合的分析，初步判定一下故障的原因及故障点，继而制定出检测方案。然后，按制定的方案对检测点进行检测。

检测的结果一般有三种：找到了故障点，说明初步的判定完全正确。此时即可确定修理方案与方法，并具体落实；在初步判定的位置确实有故障，但予以排除后，机器仍不正常。这说明故障不止一处，维修人员应再次进行综合分析，做第二次判定，随之做第二次检测，直至排除所有的故障；没有检测至故障点（排除检测点选择不当或检测方法不当等原因）。这说明初次判定失误，维修电工应再次进行综合分析，重新做出初步判定及制定检测方案……如此反复，直至检测到故障点。由此可见，故障点的确定是一个闭环系统。

二、故障点的检测要点

在故障点初步判定后的检测中，一般应注意以下几点：

1. 断电检测

断电检测印刷机发生电气故障后，维修电工应先切断电源进行断电检测，这主要是由于以下几个原因。

①断电后进行检测，可使维修电工放心大胆地开展工作，而不必担心安全问题。另外，如果断电检测能找出故障点，也就无须再通电检测了。

②有些故障发生后，必须切断电源，若通电检测会使故障进一步恶化，造成更大的损失。如电刷严重打火、电机缺相、电磁铁线圈发热严重等。

③有些检测项目，在通电的情况下无法进行或不易进行检查，而只有断电进行检查或检测。如电柜电机分线盒按钮盒的查线检查及交流接触器的触头检查等。

④机器在通电时，一些数据无法测量。下述的检测工作，就必须在断电的情况下才能进行：用万用表或万用电桥测量电机绕组继电器线圈、电磁铁线圈的直流电阻值，以确定是否有短路或断路故障；用兆欧表摇测电气设备的绝缘电阻，以判定设备是否发生线圈对机壳短路或设备受潮漏电；用万用表对晶体二极管、三极管及可控硅元件进行检测，以判定它是否短路或断路损坏；用蜂鸣器或万用表对按钮行程开关、扭子开关等器件的通断情况进行检查。

2. 通电检测

通电检测当在断电情况下，不能进行某些项目的检测时，可进行通电检测，但首先应当确认，通电后电气设备的故障不会恶化，设备不会产生短路过载燃烧"飞车"（机器转速失控且在最高速运转）等危险。设备通电后，主要可进行以下几方面的检测工作；电气设备的动态检测如接触器继电器电磁铁电磁离合器及电磁阀的通电吸合是否迅速，断电释放是否及时，有无卡死粘连剩磁过载及噪声等故障；电动机转速声音电流及电刷火花的等级如何等。

电源与控制电路的检测如三相交流电源是否缺相三相电压是否平衡电压是否过高或过低，控制电路是否接通或断路（可用测电笔串灯及万用表进行测试判断）；另外，可根据指示灯的亮灭闪烁情况及电铃与蜂鸣器的发声情况得出一些结论，为故障的判定提供依据。电子线路的动态检测如稳压电源的电压输出情况怎样；可控硅触发电路中各点波形如何；三极管及运算放大器的工作状态如何等。通电检测的特点，主要是故障点的异常现象容易暴露易于进行观察和测量，但在检测中，要注意人身安全及仪器仪表挡位的调节。

第四节　印刷机维修实例

J2108A 型对开单色胶印机，是目前国内印刷厂使用较多的一种机型，很具有代表性，它具有工作性能稳定、高速高效等特点，最高时速达 8000 张/小时，从给纸、湿润、匀墨到印刷和收纸等过程已全部实现了自动化。本节将选择 J2108A 型机作为典型，对其电气控制系统进行分析介绍。

一、胶印机电路实例分析

1. 主电路原理

图 6-1 所示为主电路，全机共有电动机 8 台，主电机 M1 是一台滑差电机，配有 ZLK-IS 和 ZLK-10 型转差离合器自动调速控制装置，调速范围为 1:10，转速为 120～1200r/min。低速电机 M2（0.8kW，1400r/min）是配有行星摆线针轮减速器的三相异步电动机，可使印刷机获 3.5r/min 的转速。M6、M2 为收纸气泵，给纸气泵电机无为 3kW 的三相鼠笼式异步电动机，M4 为主收纸台升降电机（0.6kW，1400r/min）；M1 为给纸台升降电机（0.8kW，1400r/min）；M8 为接纸手电机，采用微型电机（60W，1400r/min）。

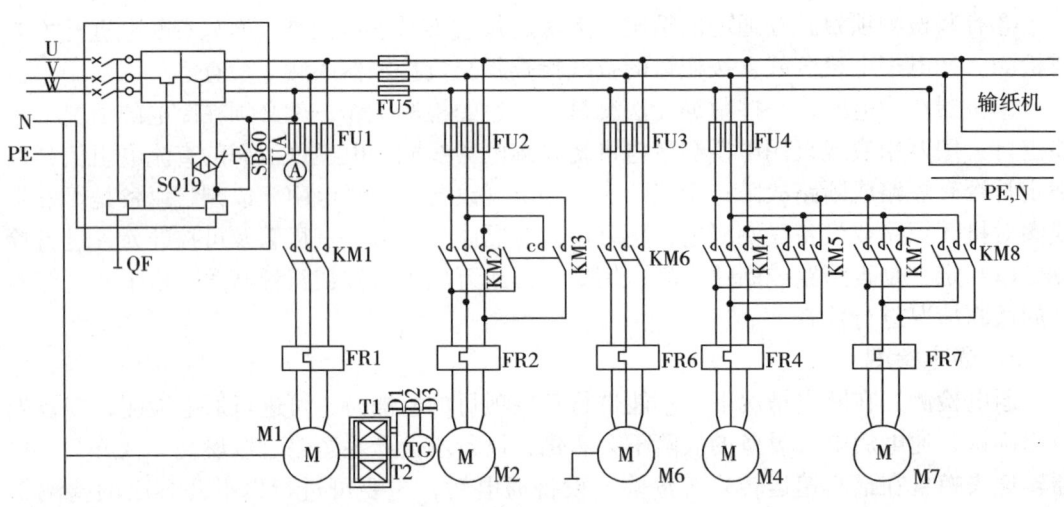

图 6-1　J2108 机电器原理图 1

2. 控制电路原理与操作

J2108A 型胶印机控制电路主要由传动控制、印刷控制、纸张故障控制等部分组成。现分别介绍如下。

（1）传动控制电路。传动控制电路如图 6-3 所示。

①报警电路。为了人员的安全，电路设有响铃报警装置，SB7～SB9 为响铃报警按

钮。当按下 SB7～SB9 中任何一个铵钮时，电铃 HA 可通电发声报警。同时当 SB1～SB3 总停按钮、SQ1 和 SQ2 限位开关、KA03 输纸机安全杠继电器触点均闭合的情况下，继电器 KA1 得电工作，其常开触点将控制电路接通，为接通点动慢车，运转控制电路做好准备。松开 SB7～SB9 任一个按钮后铃声立即停止。因 KA1 仍保持得电吸合，其常闭触点断开（见图6-4），切断电磁制动器 YB 有线圈电路，使刹车松开，为启动控制做好准备。

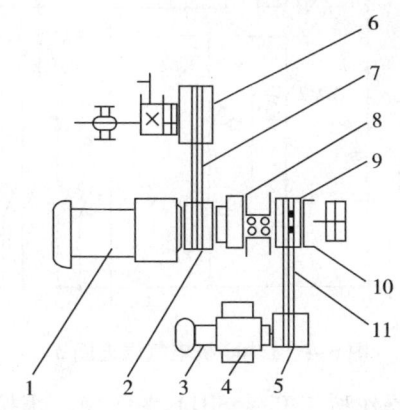

图 6-2 J2108 主、辅电机传动与制动简图
1—电磁调速异步电机（主电机）；2—皮带轮；3—低速电机 M2；4—行星摆线针轮减速器；5—皮带轮；6—大皮带轮；7—三角皮带；8—电磁制动器 YB；9—小皮带轮；10—电磁离合器 YC；11—三角皮带

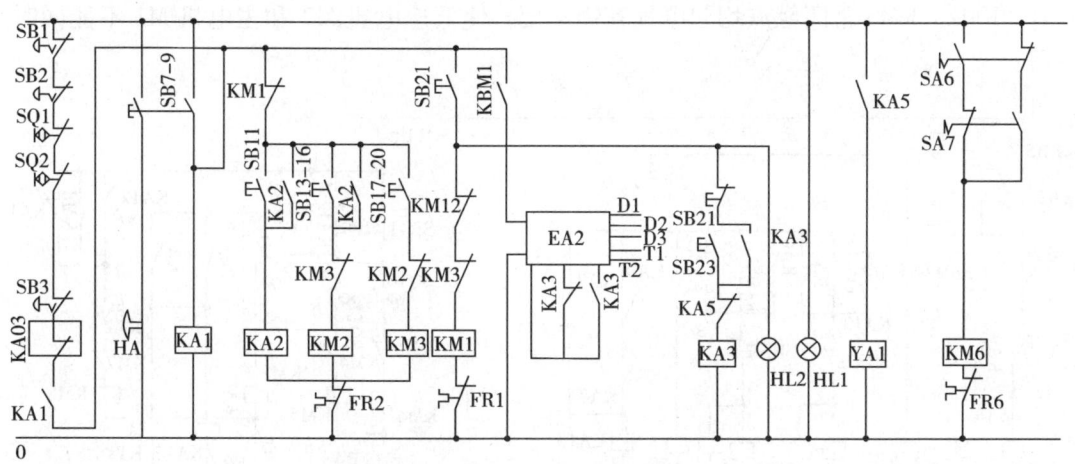

图 6-3 J2108 机电器原理图 2

②慢车控制电路。慢车是由低速电机 M2 拖动的。机器以慢车方式运转，以便于印版装校、滚筒擦洗、滚筒试转、印刷压力调试等印刷准备工作的进行。

慢车控制电路中分点动和长车两种形式，慢车中的点动是通过操作按钮 SB13～SB16 和 SB17～SB20 实现的（见图6-3）。SB13～SB16 控制正向点动。SB17～SB20 是控制反向点动（倒车）。松开上述按钮开关，KM2 或 KM3 失电，M2 即停止运转。

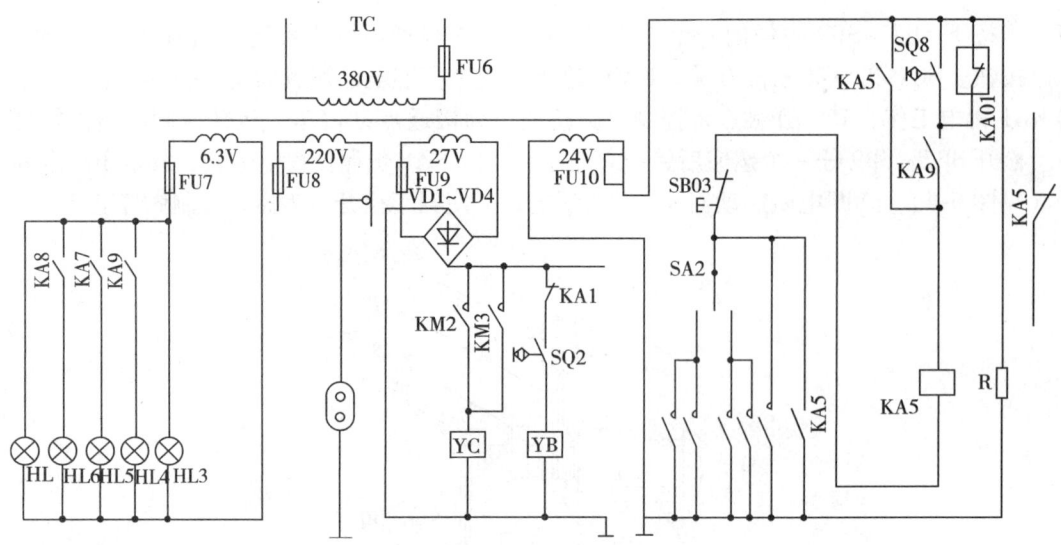

图 6-4 J2108 机电气原理图 3

慢车中的长车，则通过操作按钮开关 SB11 来实现。当按下 SB11 继电器 KA2 得电吸合并自锁，交流接触器 KM2 获电吸合，于是 M2 以 3.5r/min 速度运行，另外 KA2 常开闭合还接通合压控制电源（见图 6-5），为低速试印作好准备。同时 KM2 常开闭合（见图 6-5），接通电磁离合器 YC 线圈电路，使 M2 与主机传动轴连接起来。图 6-3 中 KM1、KM2、KM3 常闭触点均起电气互锁作用，使低速电机 M2 和主电机 M1 不能同时运转。

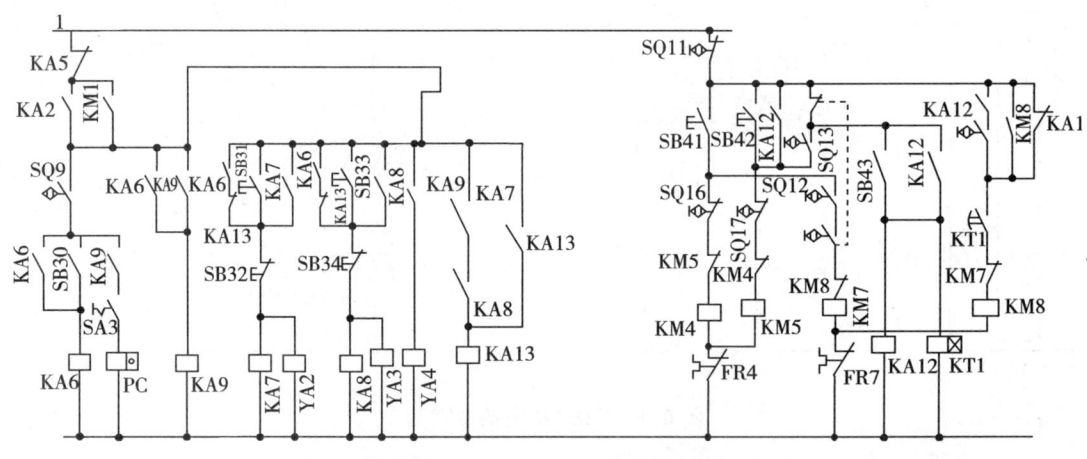

图 6-5 J2108 机电气原理图 4

③运转控制电路。运转控制电路主要由按钮开关 SB21，接触器 KM1 组成（图 6-3），接触器 KM1 的主触头直接控制主电机 M1 的运转。主电机 M1 作为滑差电机的原动机，可通过转差离合器去拖动主机运转。

其控制原理是：当按下 SB21 时，接触器 KM1 获电吸合并自锁，使主电机 M1 启动，运转指示灯 HL2 亮。同时，KM1 常开触点闭合，接通转差离合器速度负反馈闭环控制系统 EA2 电源，进行速度控制，交流接触器 KM1 触点将产生以下作用：

a. KM1 常开闭合，使调速装置接通电源。由于 KA3（定速）呈示范状态，故调速系统使主机处于定速前的低速状态运转。

b. KM1 常开闭合，接通了 KA3 电路的一处，为启动定速作好准备；

c. KM1 常开闭合将印刷控制电路与电源接通（图 6-6），为实现印刷控制做好准备；

d. KM1 常闭触点断开，切断 M2（低速电机）的控制电源，实现与慢车电气互锁。

当按下按钮 SB21 时，SB21 的机械联锁常闭开关断开，切断继电器 KA3 线圈电路，可实现机器在从定速向低速运转切换。

④定速控制电路。定速控制可在"运转"控制启动后和输纸处于正常状态时进行。此时按下 SB23 后（图 6-3），KA3 得电吸合并自锁，转差离合器速度负反馈闭环控制系统 EA2 中 KA3 一对触点将发生切换，原常闭触点断开低给定电压电位器电路，其常开触点接通另一个已预先选定速度的高给定电压电位器电路，于是印刷机就按预选速度运行。

⑤停机与制动控制。按下停车按钮 SB1～SB3 中的任意一个或触压安全杠限位开关，SQ1、SQ2 中任一个或输纸器安全杠常闭触点断开，均可使继电器 KA1 释放，其串入电路的常开触点断开（图 6-3），切断控制电源，此时，接触器 KM1 失电，使主电机 M1 停止运转。由于 KA1 失电，其常闭触点闭合，制动离合器 YB 得电迅速制动（图 6-6）。

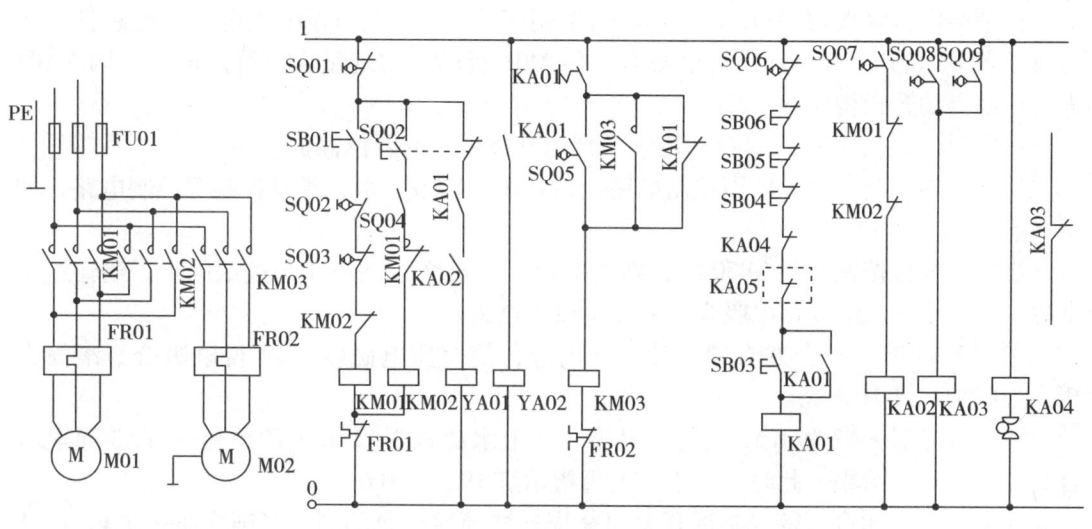

图 6-6　J2180 机电气原理图 5

（2）输纸控制电路

①输纸。在图 6-6 中，SB03 为输纸器开按钮，当 SB03 按下后，继电器 KA01 得电吸合并自锁，KA01 常开触点闭合，使输纸离合器 YA02 得电吸合，于是输纸器开始运行。同时 KA01 的另一常开闭合接通电磁铁 YA01 线圈电路的一处，为给纸台自动升作好准备，同时，另一处 KA01 常闭触点断开，可为实现接近开关 SQ05 的同步控制作用准备条件。

当按下输纸停按钮 SB04、SB05、SB06 中的任一个，都可以使输纸机停止运转。随后在前规处将造成空张故障实现停印、降速过程。

如果输纸安全杠开关 SQ06 分断,也将出现输纸机停。

②输纸气泵控制。输纸气泵电机 M02 控制电路如图 6-6 所示。在输纸前由开关 SA01 可单独进行气泵控制。若要在输纸后启用气泵则要依靠按近开关 SQ05,以便控制在铜压脚压住纸堆时开泵,否则将吹乱纸堆。

如果在印刷过程中要通过 SA01 关闭气泵,则输纸前规处会出现空张,也将发生一系列的相关动作而实现停印。

③输纸台的升降控制。输纸台升降控制电机为 M01。M01 正转时纸台上升;M01 反转时纸台下降(见图 6-6)。

SQ01 是手动升降时的安全开关,当手摇柄插入 M01 电机转轴时,使 SQ01 分断,将电动升降控制电路的电源切断,防止手动与自动同时进行而出现事故。

限位开关 SQ07 起控制纸台自动间歇上升作用。印刷过程中随着纸张的不断输送,给纸堆顶的高度会不断下降。通过压纸脚机构对纸堆高度进行检测,当纸堆下降到一定高度时,压纸脚杠杆将触压限位开关 SQ07,继电器 KA02 通电吸合,使自动升电磁铁 YA01 得电吸合,通过棘爪和棘轮及曲柄连杆装置推动链轮使纸台上升,纸台高后 SQ07 复位,使上升停止。当纸堆高度继续出现下降时,这一过程可反复进行控制。

给纸台的升降也可由按钮开关 SB01、SB02 控制。当按下给纸台升按钮 SB01,接触器 KM01 得电吸合,其常开闭合,使 M01 正转,实现纸台上升。

按下给纸台降按钮 SB02 时,其联锁常闭开关断开,使 YA01 失电,其电磁铁释放时触压 SQ04 接通,使 KM02 得电吸合,使 M01 反转,实现纸台下降。同时,因 YA01 失电,使自动升机构失效。

图中限位开关 SQ02 和 SQ03 用于纸台上升过程中的限位保护。

(3)印刷控制电路。印刷控制电路包括合压、计数、水、墨量控制等控制电路,如图 6-5 所示。

当按下合压按钮开关 SB30 时,则由接近开关 SQ9 控制压印与进纸同步。当输纸正常时,SQ9 接通,KA6 得电吸合,将产生以下结果:

①使 KA9 通电吸合并自锁,其常开闭合,使合压电磁铁 YA4 得电吸合,滚筒合压。合压指示灯 HL4 亮。

②使继电器 KA7 和 KA8 同时得电吸合。上水磁铁 YA2 和上墨电磁铁 YA3 通电吸合,实现给水、给墨。此时,上水、上墨指示灯 HL5、HL6 亮。

③KA9 常开闭合,随着接近开关 SQ9 周期性导通(每印刷一张则导通一次),使计数器 PC 周期性的吸合,对印张进行计数。SA3 为计数器 PC 的控制开关。

④KA9 常开闭合,接通前规纸张故障检测电路的一处(见图 6-4),为检测纸张故障作准备。

⑤可进行水、墨量手动控制。当上水、上墨电路接通后,由于 KA7、KA8 常开触点闭合,使中间继电器 KA13 得电吸合并自锁,KA13 两常闭触点断开。当按一下停水、停墨按钮 SB32、SB34 后,即可切断水墨自动开启电路。这样,即可使用给水按钮 SB31,停水按钮 SB32,给墨按钮 SB33,停墨按钮 SB34,随时进行水墨量手动控制。

(4)纸张故障检测控制

①前规纸故障检测控制。J2108A 型机纸张故障检测，是采用触点式检测控制的。在前规定位板的底面装有 5 块弹簧片，在铺纸板上面相应位置装有 5 个金属触点，这些成对的簧片和触点通常称电牙，如图 6-4 所示，其中 4 对主要用来检测空张、歪张、晚到等故障用；另一对触点可用来检测超张故障。

正常印刷时，纸张将弹片与触点隔断，检测电路无信号输出。继电器 KA5 处于失电状态。

当出现空张、歪张等纸张故障时，电牙接通。这时，当接近开关 SQ8，处于接通位置时，中间继电器 KA5 得电吸合并自锁，KA5 吸合电路将产生如下结果。

a. 输纸电路中（图 6-6），KA5 常闭断开，继电器 KA01 失电，其常开复位，使输纸离合器 KA02 失电，输纸机停止工作。

b. KA5 常闭断开，使印刷停止，即滚筒离压，计数停，停水、停墨（图 6-7）。

c. KA5 常开闭合，使进纸电磁铁 YA1 吸合，停止进纸（图 6-3）。

d. KA5 常闭分断，使 KA3 失电，使印机由定速向低速运转切换（图 6-3）。

e. KA5 常开闭合，使短暂接触的接近开关实现自锁。同时又与地接通，实现电牙短暂接触时的自锁。这两个自锁均可通过输纸按钮 SB03 的启动而得到解除（图6-4）。

在前规轴上还装有另一对电牙，当纸张出现超张（早到）时，该电牙会接通，产生一系列与上述空张故障发生时相同的动作。

根据印张幅面大小（四开或对开），将电牙分为二组进行，可使用开关 SA2 进行"大张"和"小张"的选择。外侧电牙用于大纸张检测，内侧电牙用于小纸张检测。

由于电路中没有离压按钮（图 6-4），需进行离压操作时，可按下"输纸停"按钮 SB06、SB05、SB04 中任一或关断输纸气泵开关 SA01，利用电牙的空张检测作用使 KA5 得电吸合，从而达到离压目的。

②双张故障控制。当印刷过程中出现双张故障时，输纸机进纸辊上方检测双张的导纸滚轮等机构，使如图 6-6 所示一对触点闭合，KA04 得电吸合，其常闭触点断开，切断输纸控制电路输纸机停止输纸，前规随即出现空张故障，故后面的控制过程和结果与空张故障完全相同。

(5) 收纸控制

①收纸气泵控制。其控制电路如图 6-3 所示。收纸泵电机 M6 是通过接触器 KM6 控制的。SA6 和 SA7 分别安装在主按钮板和收纸操作面板上并接成双联控制开关。

②主收纸台升降控制。主收纸台的升降是由电机 M4 控制，M4 可由正、反转电路控制，以实现主收纸台的升降。

电动升降分别依靠按钮 SB41 和 SB42 实现。限位开关 SQ16 和 SQ17 起上、下终端限位保护作用（图 6-5）。SQ11 是作人工升降时起作用的保护开关，电机尾盖揭开时，SQ11 受触压而分断，SQ11 将电动升降电源切断，以保护手动操作时的安全。当插入手动摇柄时，可摇动手柄控制升降。与给纸装置中的自动升相呼应，收纸装置中的主收纸台有自动降的功能。印刷进行过程中，当纸堆顶面增高到一定程度时，纸堆侧垂面触压限位开关 SQ18，其常开触头闭合，接触器 KM5 通电吸合，使纸台下降。随着纸堆台下降，SQ13 将脱离纸堆侧垂面的触压而复位，使 KM5 释放，纸堆台即停止下降。这样，主收纸台便完成一次自动微量下降。当纸堆再次增高时，电路将重复进行上述动作。

③副收纸板进出控制。为便于在不停机的情况下交换纸台或加热晾纸架，在收纸装置中设置副收纸板。

机器的主收纸台与副收纸板是交替进行工作的。副收纸板的进出可通过对按钮 SB43 和 SB41 的操作来实现（图 6-5）。当需要使用副收纸板时，可按下"副板出"按钮 SB43。时间继电器 KT1 和中间继电器 KA12 同时得电吸合。KA12 的常开触点闭合使 KM5 得电吸合，于是主收纸台下降，为副板出先行让位。同时 KA12 另一常开接通接触器 KM8 电路的一处，经过设定的延时时间 KT1 的常开闭合。此后待接近开关 SQ15 接通时，KM8 得电吸合，使 M7 反转，副板便快速伸出。当副板到收纸位置时，凸轮将触压行程开关 SQ12，其常闭断开 KA12 和 KT1 电路电源。使 KM5 失电，主台停降；KM8 失电使副收纸板移动停。同时 SQ12 常开触点闭合接通 KM7 线圈电路的一处，为副收纸板进行做好准备。这时，由副收纸板代替主收纸台进行收纸工作。在下降后的主收纸台上加放晾纸架后，按下"主台升"按钮 SB41 接触器 KM4 得电，主台开关 SQ14 触压。SQ14 的常开触点闭合，使接触器 KM7 得电，于是副收纸进出电机 M7 转正，使 KM7 失电，M7 停转，副收纸板退移停。其常闭触点闭合，为副收纸板再次移出作好准备。松开按钮 SB41，主台即停止上升。

电路中的接近开关 SQ15，主要是为了掌握好副板滑出时间，使之与收纸链咬牙的运动位置相协调。使副收纸板到位时，能正好托住第一张纸以防止撞纸现象的发生。

副板出控制电路中使用了常闭触点 KA1，是为了在停机的情况下，使副收纸板出控制仍然有效。因为此时 SQ15 一般不通。

④开牙板与能耗制动控制。在收纸工作中，此机采用了接纸手自动调整装置，也称开牙板调节装置。当收纸牙排叼着印张运行到收纸台时，在开牙板作用下，叼纸牙开牙，使印张降落于收纸台上。机速不同，印张下落时具有的速度及惯性也不同。为保证印张叠落整齐，需对叼纸牙开牙时间进行调整。机速低时，印张运行速度慢，冲击力小，开牙时间应当晚些。可将开牙板调节到靠近前齐纸板的位置。当机速较高时，印张运行速度快，冲击力大，开牙时间应当晚些。可将开牙板调节到靠近前齐纸板的位置。当机速较高时，印张运行速度快，冲击力大，开牙时间就应早些，可调整开牙板使其远离前齐纸板。

开牙板位置的调节，是由电机 M8 带动齿轮、丝杆及螺母进行的，开牙板控制电路如图 6-7 所示。随着机速的变化，开牙板的位置也会相应移动。开牙板通常适用于两个位置，即"运转"位和"定速"位。其所处位置可由电机 M8 驱动调整。

当按下"运转"按钮开关 SB21 时，接触器 KM1 得电吸合并自锁（图 6-4），主电机 M1 以"运转"速度旋转。此时 20 号线得电，接触器 KM10 通电吸合；电机 M8 旋转。如图 6-7 所示，M8 通过齿轮、丝杆、螺母等机件带动开牙板及支架向左移动，当碰块 P1 触压 SQ1 时，中间继电器 KA14 得电吸合并自锁，其常闭触点（125 与 126）断开，接触器 KM10 释放，M8 停止旋转。开牙板停止移动。此后，开牙板便在此位置上对收纸咬牙进行开牙控制。

当按下"定速"按钮 SB23 时，继电器 KA3 得电吸合并自锁，其常开（120 与 122）闭合。由于 KA14 仍处于通电吸合状态。其常开触点（122 与 123）仍闭合，此时接触器 KM9 得电吸合，电机 M8 反转。在 M8 及传动机构作用下，开牙板与支架向右移动。当碰块 P2 触压行程开关 SQ19 使其常闭触点断开（20 与 120），KA14 与 KM9 同时释放，电机 M8 停转，开牙板与支架停止移动。在此位置可使咬纸牙提前开牙。

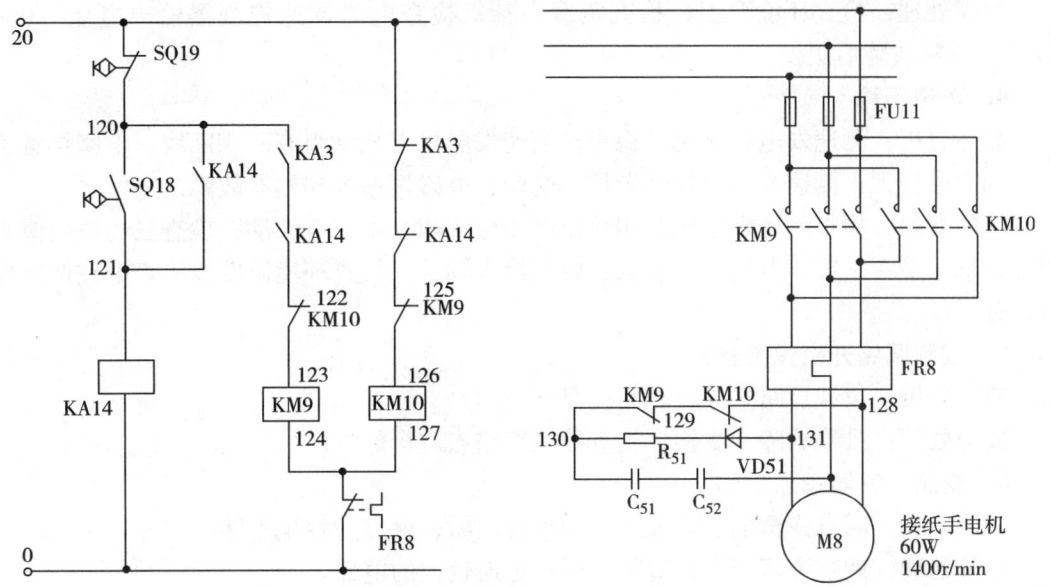

图 6-7　开牙板控制电路图

为使开牙板到达预定位置立即停止，电机 M8 采用了能耗制动控制。其控制电路如图 6-7 所示。在电机 M8 运转时（无论正转或反转）接触器 KM9 和 KM10 得电吸合，其辅助常闭触点将断开，即 128－129－130 线路不通。交流电自 131 号线引出，经二极管 VD51 整流，再经电阻 R51。向电容 C51 和 C52 充电。当切断电机 M8 电源时，接触器 KM9 和 KM10 均释放，此时电容 C51 和 C52 便通过 KM9，KM10 常闭触点向 M8 定子绕组放电，由于 M8 定子的绕组中通入直流电而产生一方向恒定的磁场。电机 M8 由于惯性继续转动时，转子中产生的感应电流与磁场相互作用，其产生的电磁转矩与 M8 原转动方向相反，对电机 M8 起制动作用，使电机 M8 迅速停止转动。

二、常见故障的分析和处理

1. 电机不启动

故障分析：电源未接通；绕组断路；定子绕组相间短路；定子绕组接地；缺相。

故障处理：检查开关、熔丝、各触点及电动机引出线；检查断路，排除故障；检查短路处，排除故障；用兆欧表测电动机对地电阻，不得小于 0.5MΩ；检查进线电源及保险丝。

2. 电动机过热

故障分析：电源电压过高或过低；定子相间短路；三相电源或定子绕组其中的一相断路；过载；周围环境温度过高或通风不畅。

故障处理：检查三相电源；检查三相电源和电流定子相间和对地绝缘电阻；检查供电电压和熔丝与各相电流；检查负载电流；检查环境温度及通风孔道。

3. 转差离合器绝缘层击穿

故障分析：绝缘受潮；发热，产生涡流大；输入电压超过额定值。

故障处理：检查环境温度；检查负载电荷；检查电磁调速控制器输出电压（0～90V），排除故障后更换。

4. 车速不稳

故障分析：测速发电机转速不稳定；测速发电机三相绕组有一相断线，电刷接触不良，轴承磨损大；测速发电机轴承卡住，受潮；电磁调速控制器有故障。

故障处理：检查测速发电机三相输出电压应平衡，不应有波动；检查三相绕组值应对称，轴承是否正常，电刷是否接触良好；检查轴承，检查环境温度；检查电磁调速控制器各元件。

5. 控制回路开机保险丝断

故障分析：负载短路；导线相间短路。

故障处理：排除故障，更换；检查导线短路点进行修复。

6. 交流接触器触点灼伤

故障分析：触点弹簧的压力太小；触点有油垢；触点的容量不够。

故障处理：调整弹簧压力；清除污垢；更换较大的电器。

7. 触点焊接在一起

故障分析：触点过热；触点的断开容量不够；触点的断开次数过多。

故障处理：排除过热原因；更换较大容量的元件；更换触头。

8. 线圈烧坏

故障分析：弹簧反作用力过大使线圈发热；线圈电压与实际电路电压不符。

故障处理：调整弹簧压力；更换线圈。

9. 衔铁吸不上

故障分析：线圈断线或烧坏；衔铁或机构可动部分被卡死。

故障处理：修理，更换；清除障碍物。

10. 噪声大

故障分析：电源电压过低；触头弹簧压力过大；磁力系统歪斜或机械卡住，使铁芯不能吸平；铁芯磁面生锈或有油垢，尘埃；短路环断裂；铁芯磁面磨损过度而不平。

故障处理：提高操作回路电压；调整触头弹簧压力；排除机械卡住故障；清理铁芯磁面；调换铁芯或焊接短路环；更换铁芯。

11. 触头不导通

故障分析：触头开距太大无超程；触头脱落；触头不清洁；运动部位卡住。

故障处理：调整触头参数；更换触头；清理触头；排除卡住故障。

12. 电铃不响

故障分析：保险丝FU6或FU8熔断；保险丝接触不良；电铃接触不良；电铃坏；电铃按钮SB7～SB9接触不良。

故障分析：检查排除故障，更换；检查保险丝接触是否良好；检查电铃接触是否良好；更换；修理更换。

13. 低速电机不运转

故障分析：缺相；中间继电器 KA2 是否吸合；SB11 按钮接触是否良好；低速电机故障；低速离合器刹车未松开；低速离合器线圈烧坏或接触不良；热继电器 FR2 未接通或接触不良。

故障处理：检查电源电压；KA2 吸合，检查 KM2；KA2 不吸合，检查 KA2 线圈是否正常；检查 SB11 是否正常；检查低速电机是否正常；检查低速离合器刹车是否松开；检查低速离合器线圈是否正常；检查 FR2、复位、修理。

14. 点动不工作

故障分析：

正点：正点按钮 SB13～SB15 是否接触良好；KM2 是否正常；FR2 是否正常。

反点：反点按钮开关 SB17～SB19 是否正常；KM3 是否正常；FR2 是否正常。

故障处理：

正点：1. 检查 SB13～SB15，修理；2. 同前；3. 同前。

反点：1. 检查 SB17～SB19，修理更换；2. 检查 KM3 是否工作，如工作则检查 KM3 的常开触点是否接触良好；如不工作，检查 KM3 的线圈是否正常，FR2 是否正常。

15. 运转不工作

故障分析：交流接触器 KM1 不吸合；SB21 接触是否良好或弹簧卡住；SB21 坏；FR1 接触不良或跳开。

故障处理：检查 KM1 线圈是否正常，如 KM1 吸合，检查 KM1 的常开触头 3-9 是否接触良好；维修，更换；更换；维修，复位。

16. 定速不工作

故障分析：中间继电器 KA3 不工作，可能是线圈烧坏，也可能是接触不良；按钮开关 SB23 接触不良；SB23 坏；SB21 是否正常；KA5 的常闭触头 2-18 接触是否良好；KA3 的常开触头 3-14 是否接通电磁调速控制器回路。

故障处理：更换，维修；维修；更换；检查 SB21 是否正常；检查 KA5 的常闭触头 2-18 是否正常；检查 KA3 的常开触头 3-14 是否良好。

17. 不能调速

故障分析：电磁调速控制器熔丝烧坏；调速电位器 WT2 是否良好；电磁调速控制器出故障。

故障处理：更换；检查 WT2 是否正常；检查 EA2 各元件。

18. 不合压

故障分析：合压继电器 KA9 不良；KA9 线圈线圈烧坏；合压电磁铁 YA4 接触不良或线圈烧坏；空张过头控制电牙与地接触；金属检测体偏离磁开关 SQ9；KA6 线圈接触不良或烧坏；合压回路各元件故障。

故障处理：维修；更换；维修或更换；维修，检查电牙；维修；维修，更换；检查合压回路各元件。

19. 不离压

故障分析：输纸按钮 SB03 没复位；电磁开关 SQ8 失控；空张过头控制电牙未触电；KA5 衔铁卡住或吸不上。

故障处理：维修使 SB03 复位；维修或更换；维修使其触地；维修或更换。

20．输纸不工作

故障分析：输纸离合器 YA02 接触不良或烧坏；输纸继电器 KA01 接触不良或线圈烧坏；空张过头控制电牙触地，使 KA5 吸合；SQ06、SB04、SB05、SB06 是否接触良好；双张控制继电器 KA04 已吸合。

故障处理：修理或更换；修理或更换；检查空张过头控制触头（电牙）不应接地；检查 SQ06、SB04、SB05、SB06 是否正常；排除双张控制故障。

21．输纸自动上升不工作

故障分析：限位开关 SQ07 接触不良或坏掉；中间继电器 KA02 接触不良或线圈烧坏；输纸离合器 YA02 接触不良或烧坏；输纸自动上升回路故障。

故障处理：修理或更换；修理或更换；修理或更换；检查输纸自动上升回路各元件。

22．主收纸台自动下降不工作

故障分析：限位开关 SQ12、SQ17 接触不良或坏掉；微动开关 SQ13 接触不良或坏掉；交流接触器 KM5 的线圈接触不良或烧坏；缺相；过载。

故障处理：修理或更换；修理或更换；检查 KM5 是否良好；检查保险丝 FU4；检查过载原因，将 FR4 复位。

23．副收纸板出不动作

故障分析：晶体管时间继电器 KT1 接触不良或线圈烧坏；磁开关 SQ15 接触不良或坏掉；金属检测体移位；限位开关 SQ12 接触不良或坏掉；交流接触器 KM8 接触不良或线圈烧坏；过载；缺相。

故障处理：修理或更换；修理或更换；复位；修理或更换；修理或更换；检查过载原因，将 FR7 复位；检查原因换上熔丝。

24．离合器转速不能调节，只能高速不能低速运行（失控）

故障分析：滑差空载运行；没有反馈量。

故障处理：加上一定的负载；增加反馈量，将 WT4 逆时针旋转，调至某一需要转速为止。

25．接通电源开关熔丝熔断

故障分析：负载短路；引出线短路；变压器初级短路；可控硅击穿。

故障处理：检查离合器线圈是否正常；检查输出电压导线是否短路；检查变压器是否正常；检查可控硅是否正常，或更换。

26．接通电源开关指示灯亮，旋转调速钮离合器不工作

故障分析：T1、T2 开路；调速旋钮开路；G2 损坏；G1 损坏；SCR 开路；印刷电路插座接触不良；变压器 B3、4、5、6、11、12、13、14 有无电压。

故障处理：检查 T1、T2 是否接触良好，有无直流电压；检查 WT1，调节 WT2，同时测量 R5 的端电压应在 4~6V 变化；检查更换 G2；检查更换 G1；检查 SCR；检查印刷电路板插座是否正常；检查变压器副边电压是否正常。

27．当 WT2 已调至零位时仍有激磁电压输出

故障分析：环境温度过高；起始零位调节不当。

故障处理：降低室内温度至45℃以下；调节 WT5，使 WT2 在零位时 SCR 无输出为止。

28. 速度表与实际转速不符，或无法调节（低）

故障分析：测速发电机退磁；测速发电机有一相短路或断线。

故障处理：调节 WT3；检查测速发电机三相电压是否对称。

29. 离合器只能低速运转不能增速

故障分析：反馈量过大；二极管 D26 击穿或开路。

故障处理：调节 WT2 减少反馈量，调节 WT2，增大给定量；更换 D2。

参考文献

[1] 杨皋,张长峰. 印刷设备电路与控制. 北京:印刷工业出版社,1995.
[2] 钱军浩. 印刷设备电气控制. 北京:化学工业出版社,2003.
[3] 高信旺,张瑞芝. 印刷机电气原理与维修(上,下册). 北京:印刷工业出版社,1992.
[4] 徐宏飞. 印刷机械电路. 北京:中国轻工业出版社,2002.
[5] 机械工业手册(第二版). 北京:机械工业出版社,1997.
[6] 王世昌,杜宗禧. 印刷机电气技术. 北京:中国轻工业出版社,2001.
[7] 黄志昌. 液压与气动技术. 北京:电子工业出版社,2006.
[8] 北人 N300 印刷机技术手册. 北人印刷机械股份有限公司.
[9] 齐占伟. 电气控制设备故障检修. 机械工业出版社.